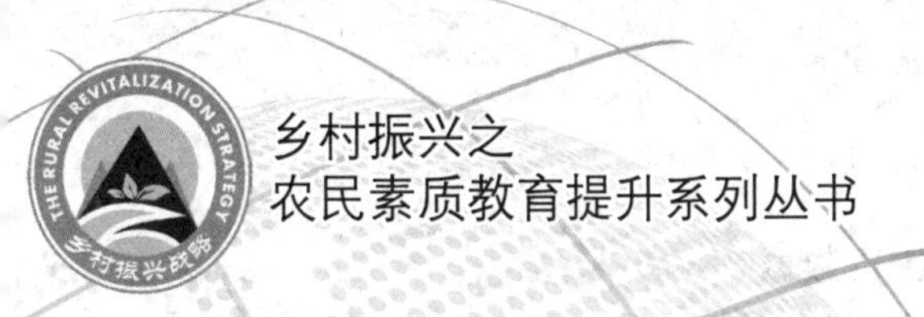


# 现代农民
# 科学素质提升读本

◎ 董旭生　何亚洲　王 磊　王方成　主编

中国农业科学技术出版社

**图书在版编目（CIP）数据**

现代农民科学素质提升读本 / 董旭生等主编 .—北京：中国农业科学技术出版社，2019. 7

（乡村振兴之农民素质教育提升系列丛书）

ISBN 978-7-5116-4318-6

Ⅰ. ①现…　Ⅱ. ①董…　Ⅲ. ①农民-科学-素质教育-中国　Ⅳ. ①D422. 6

中国版本图书馆 CIP 数据核字（2019）第 157900 号

**责任编辑**　徐　毅
**责任校对**　马广洋

**出 版 者**　中国农业科学技术出版社
北京市中关村南大街 12 号　邮编：100081
**电　　话**　(010)82106631(编辑室)　(010)82109702(发行部)
(010)82109709(读者服务部)
**传　　真**　(010)82106631
**网　　址**　http://www.castp.cn
**经 销 者**　各地新华书店
**印 刷 者**　固安县京平诚乾印刷有限公司
**开　　本**　850 mm×1 168 mm　1/32
**印　　张**　5. 375
**字　　数**　150 千字
**版　　次**　2019 年 7 月第 1 版　2019 年 7 月第 1 次印刷
**定　　价**　32. 00 元

# 《现代农民科学素质提升读本》
## 编　委　会

# 前　言

自党的“十九大”提出实施乡村振兴战略后，2018 年中央 1 号文件对实施乡村振兴战略进行了全面部署。实施乡村振兴战略，促进农业农村优先发展，需要强有力的人才支撑。提高农民科学素质，是提高农村人力资本质量的唯一路径，也是乡村振兴的长久之计。本书坚持“素质为本、实践为用”的理念，致力于全面提升农民科学素质，由经验丰富的教师共同研究编写而成。

本书共 9 章，具体章节包括做一个高素质的现代农民、坚定乡村振兴战略意识、了解国家惠农富农政策、树立乡村绿色生态发展意识、提高农业生产技能、提升农民创业意识、增强农业农村安全常识、提高农民身心健康和身体素质、懂得文明礼仪等。本书内容结构清晰、内容丰富、语言通俗，对现代农民的素质提升具有较强的实用性。

本书可供各农民培育机构开展现代农民素质教育培训使用，也可作为广大农民朋友阅读、借鉴和学习的参考书。

由于时间和水平有限，书中难免存在错误或不足之处，敬请广大读者批评指正！

编　者

**2019 年 4 月**

# 目　　录

# 第一章　做一个高素质的现代农民

## 一、现代农民的解读

（一）现代农民的概念

现代农业是用现代物质条件装备农业，用现代科学技术改造农业，用现代产业体系提升农业，用现代经营形式推进农业，用现代发展理念引领农业，用培育新型农民发展农业。要发展和推进现代农业，就要培育和配备与现代农业相适应的“现代农民”。因此，现代农民可以定义为有文化、有技术、善经营、懂管理的新型农民。

（二）现代农民与传统农民的不同

传统农民只知道如何把地种好，现代农民不仅要把地种好，最重要的是把地里的产品卖好，求得一个好收成。具体来说，现代农民具有以下3个鲜明特征：一是以市场为主体。传统农民主要追求维持生计，而现代农民则充分地进入市场，将生产的农产品推向市场，追求较高的商品率。并利用一切可能的选择，使报酬最大化，获取较高的收入。二是要具有高度的稳定性。把务农作为终身职业，而且培养好“农二代”，使家庭经营后继有人，不是农业的短期行为。三是要具有高度的社会责任感。其生产经营行为对生态、环境、社会和后人承担责任。现代农民是现代农业生产经营主力军，是新型农业经营主体。在从事生产经营过程中，通过学习，不断提高自身修养，增强创业能力和技能，依照新观念、新素质、新能力等“三新”量身打造自己。新观念包括主体观念、开拓创新观念、法律观念、诚信观念等；新素质包括科技素质、文化素质、道德素质、心理素质、身体素质等；新能力包含发展农业产业化能力、农村工业化能力、合作组织能力、特色农业能力等。

（三）现代农民的培育

1. 院校职校、政府短训培育现代农民

大专院校、职校、中职教学具有系统化、专业化、现代化的特点，学生入学后在系统化、专业化教学过程中，合适的教学节奏和较长的学习时间，使他们对新知识、新科技的学习易于掌握，回到基层服务农业是“永久牌”人才。同时，利用市、县、乡农林（畜牧）技术推广机构培训农民，每到农事、林事等季节或其他时段，采取一级培训一级、以会代训等方式，对乡、村、组干部和种养殖大户进行水稻、小麦、玉米、高粱、红苕、蔬菜、水果、养猪、养鸡等技术培训，然后由村组干部对当地农民进行转培训，让农民学到现代农业的新技术，推广的新品种，促进科技种田。

2. 跟师学艺培育现代农民

在现代农业示范园区、农民专业合作经济组织、农业开发业主的生产基地，一般招收附近农民进入园区或农业大户作“帮工”。在园区和业主的指导下，每项先进农业技术、农业装备技术都能现场观摩、现场学习、现场实践，时间一长，务工农民不仅成为园区、基地的技术骨干，而且成为现代农业的技术专家。他们有的在园区、基地继续从事技术工作，有的回家独立创业，把在务工期间学到的先进技术带回当地传授给农民发展现代农业。

3. 农民工自学成为现代农民

这些年来，各地农民务工全国大流通。一些农民到新疆、河南、山东、成都等产业化程度高的省、市、区县从事蔬菜、猪、牛、羊等种养殖以及农产品加工、贮藏、运销和农业装备等，学到技术后有的在务工地自主创业，有的回家创业，创建农业产业基地，发展种养殖业，成为现代农业的技术推手，带动当地农民发展高效农业。

4. 政府科普培育现代农民

每年春，各地利用乡镇赶集人多的优势，开展“科技之春”科普宣传活动，农业专家、技术人员把最新种养殖技术、最新农机、最新良种、最新化肥（生物肥料）、涉农高科技产品，现场展示给农民看。各级政府还通过专栏，科技赶场，媒体宣传等形式培训农民，帮助他们改变传统耕作方法，宣传种养殖、加工、贮藏等新技术，培育现代农民。

5. 农技人员下乡培育现代农民

把课堂知识转化到田园实践培育现代农民。一方面，向乡镇农、林、水等涉农部门选派农业院校毕业生充实基层，把技术人员送到农民的“家门口”；另一方面，从市、县、乡涉农部门选派技术干部下乡，走进田园，现场蹲点，手把手的把课堂知识传授给农民，实现“技术还田”，直接把在课堂、实验室、基地里学到的种养殖技术应用于农业生产第一线，直接投放田间地头，现场练兵，让理论知识、课堂知识直接转化为现实生产力，让农民在田园学到技术后成长为现代农民。

6. 推广新品种、新技术引导农民成为现代农民

从20世纪70年代推广矮秆水稻到20世纪推广强化栽培，农业新技术不断升级换代。人们还记得：20世纪70年代初，水稻栽插推广“分厢定域”，政府派出大批技术干部走进田园现场指导；近些年，水稻推广旱育秧、温室育秧、小苗直插，玉米推广肥团育苗等技术，在播栽时节，政府还是派出技术干部到农田现场指导，新品种新技术的推广，政府引导起了决定性作用，一旦农民尝到了丰收的甜头，就会自愿购买良种、用新技术种养

殖。如杂交水稻、玉米和瓜菜种子等。农业新技术、新品种的推广应用，为引导农民发展现代农业发挥了重要作用。

7. 市场引导农民成为现代农民

按照农民的传统习惯，他们种什么、养什么要看到效益，要直接感受到新品种、新技术带来的直观效益后，才有主观能动性。诸如：生猪改良。初期，一些农民无法接受。当某一农民试养了“荣昌猪”100多天就出栏了，这时他们才认识到“科技”的力量。近些年来，生猪改良之所以这样快，是因为农民尝到了“甜头”，现在你让他不养良种猪去养本地猪他还不干呢！转化科技成果直接的收获是效益，实用技术的应用助力了农民的种养殖热情，在市场经济引领下，最直接的经济效益变成了金钱的“刺激”。刺激就是动力，就促使人去追求自己需要的行为，实用技术的推广就是在这种有利环境条件下变成了农民的主观能动性。如今，农民的种养殖习惯已发生改变，他们种什么、养什么要看市场缺什么，畅销什么，想方设法追求种养殖周期短，投放成本低，市场销路好，产出效益高的产业，实现效益最大化。

## 二、科学素质的含义及构成

### （一）素质的含义

素质是一个人在社会生活中思想与行为的具体表现。关于素质的定义，有不同的说法。

定义1：《辞海》对素质一词的定义为：一是人的生理上的原来的特点；二是事物本来的性质；三是完成某种活动所必需的基本条件。

定义2：“素质”沟通的效率与层次可概括为素质。层次高低取决于人的单技术知识深度或多知识修养广度（专家和博学、反面是八卦和肤浅）、沟通方式的丰富性和准确性（如以前不识字的人用画画来代替完成书信），人生观价值取向（创造为乐或享受为乐)，情商优劣等条件。

定义3：所谓素质，本来含义是指有机体与生俱来的生理解剖特点，即生理学上所说的“遗传素质”，它是人的能力发展的自然前提和基础。按此，定义素质为：当你将所学的一切知识与书本忘掉之后所剩下来的那种东西，想来不无道理。

定义4：“素质”是指个人的才智、能力和内在涵养，即才干和道德力量。历史学家托马斯·卡莱尔就特别强调作为英雄和伟人的素质方面。在他看来，“忠诚”和“识度”是识别英雄和伟人最为关键的标准。

定义5：“素质”是指人的体质、品质和素养。素质教育是一种旨在促进人的素质发展，提高人的素质发展质量和水平的教育活动。

定义6：“素质”又称“能力”“资质”“才干”等，是驱动员工产生优秀工作绩效的各种个性特征的集合，它反映的是可以通过不同方式表现出来的员工的知识、技能、个性与驱动力等。素质是判断一个人能否胜任某项工作的起点，是决定并区别绩效差异的个人特征。

定义7：是指一个人在政治、思想、作风、道德品质和知识、技能等方面，经过长期锻炼、学习所达到的一定水平。它是人的一种较为稳定的属性，能对人的各种行为起到长期的、持续的影响甚至决定作用。

尽管不同的学者对素质的含义及其内容有不同的解释，但基本精神是一致的。我们认为，素质是指在人的先天生理的基础之上，经过后天的教育和社会环境的影响，由知识内化而形成的相对稳定的心理品质及其素养、修养和能力的总称。

(二) 科学素质的含义

科学素质是公民素质的重要组成部分，一般是指了解必要的科学技术知识，掌握基本的科学方法，树立科学思想，崇尚科学精神，并具有一定的应用它们处理实际问题、参与公共事务的能力。提高公民科学素质，对于增强公民获取和运用科技知识的能力、改善生活质量、实现全面发展，对于提高国家自主创新能力，建设创新型国家，实现经济社会全面协调可持续发展，构建社会主义和谐社会，都具有十分重要的意义。

(三) 科学素质的构成

科学素质主要分为思想道德素质、科学文化素质和身心健康素质三大方面。

1. 思想道德素质

思想道德素质是人们的思想意识状态按社会规范的要求所达到的水准，包括人生观、道德观、思想品质和传统文化习惯。思想道德素质具有鲜明的阶级性，在一定程度上规定着其他素质的作用方向，影响着文化、心理素质的形成与演化，同时，又受它们的影响和制约。

2. 科学文化素质

科学文化素质是指农民所具备的科技知识水平，反映农民掌握科技知识的数量、质量及运用于农业生产实践的熟练程度。农民懂得专业科技知识的广度和深度、科技意识的强弱、对科技知识的需求欲望大小等都是农民科技素质高低的重要体现。文化素质通常指其所具备的文化知识水平。

3. 身心健康素质

身心健康素质包括身体素质和心理素质。身体素质主要是指健康程度、体质强弱、寿命长短、营养状况、抗病力等。身体是智力的载体，身体素质的强弱直接影响着其他素质的形成与发挥。心理素质作为一个专门术语是指本来的、固有的思想、感情等内心活动。良好的心理素质，如创新、积极进取、不盲从等，有利于推进农民接受新技术、使用新技术，而小农经济的守旧、自满自足、惧险、从众的心理，将阻碍农业科技的应用与传播。

## 三、提升农民科学素质的重要性

（一）为乡村振兴提供人才支撑

“十九大”提出了“产业兴旺、生态宜居、乡风文明、治理有效、生活富裕”的乡村振兴战略总要求。振兴使命需要有知识、有能力、有理想的新农人来担当。只有农民的文化素质强起来，农业才会强起来，农村才能富起来，农民才能够真正获得成就感和幸福感。因此，通过教育提升农民的科学素质，是提高农村人力资本质量重要的唯一路径，也是乡村振兴的长久之计。

（二）为农业现代化建设奠定基础

随着社会经济的发展，农民的整体素质有了一定程度的提高。但农村科技人才匮乏、农民适应生产力发展和市场竞争的能力不足的现象依然存在，农民的年龄知识结构、个人素质、生活方式等方面的问题还较为突出。目前，我国正处于传统农业向现代农业转变的关键时期，大量先进农业科学技术、高效率农业设施装备、现代化经营管理理念越来越多地被引入到农业生产的各个领域，因此，需要不断提高自身的科学文化素质，这不仅仅是对未来农民的职业和能力要求，更是一种发自内心的不懈追求。

（三）为农民增收致富保驾护航

农民科学素质不高，不仅严重制约了现代农业的发展，而且制约了农民收入的增加，制约了农村劳动者向二、三产业的转移，制约了农村产业结构调整的步伐，使他们不能很好地接受和掌握新技术，制约了农业劳动生产率的大幅度提高。在科学技术迅猛发展、信息化潮流汹涌澎湃、知识经济已初露端倪的今天，科学技术已成为推动经济增长的主要推动力。但是，科技的研究开发和掌握应用均离不开具有高素质的劳动者。给他们在接受新观念、获取信息、提高技能、参与市场竞争等方面带来极大障碍，使之难以冲破传统农业和小农意识的束缚，阻碍了农民收入的增加。

# 第二章　坚定乡村振兴战略意识

## 一、乡村振兴战略提出的背景和意义

### （一）乡村振兴战略提出的背景

乡村振兴战略是习近平同志2017年10月18日在党的“十九大”报告中提出的战略。“十九大”报告指出，农业农村农民问题是关系国计民生的根本性问题，必须始终把解决好“三农”问题作为全党工作的重中之重，实施乡村振兴战略。2018年2月4日，国务院公布了2018年中央1号文件，即《中共中央国务院关于实施乡村振兴战略的意见》。2018年3月5日，国务院总理李克强在《政府工作报告》中讲到，大力实施乡村振兴战略。2018年5月31日，中共中央政治局召开会议，审议《国家乡村振兴战略规划（2018—2022年）》。2018年9月，中共中央、国务院印发了《乡村振兴战略规划（2018—2022年）》，并发出通知，要求各地区各部门结合实际认真贯彻落实。

以习近平同志为核心的党中央提出“实施乡村振兴战略”这一部署，有其深刻的历史背景和现实依据。党的“十八大”以来，以习近平同志为核心的党中央坚持把解决好“三农”问题作为全党工作重中之重，出台了一系列强农惠农富农政策，推动农业农村发展取得了历史性成就、发生了历史性变革，农民生活水平有了很大提高。但是同时也要看到，当前我国农业竞争力依然不强，农民收入水平依然较低，农村依然普遍落后，最大的不平衡是城乡发展不平衡，最大的发展不充分是农村发展不充分。农村依然是实现全面小康社会最大的短板，农业是实现“四化同步”发展最大的短腿。

中央在这个时候提出实施乡村振兴战略，实际上是在提醒我们：由于中国的特殊国情以及中国在未来20~30年发展中的一种阶段性特征，我们在现代化的进程中不能忽视农业、不能忘记农民、不能淡泊农村，必须下大力气提高“三农”发展水平。

（二）乡村振兴战略提出的意义

党的“十九大”做出中国特色社会主义进入新时代的科学论断，提出实施乡村振兴战略的重大历史任务，在我国“三农”发展进程中具有划时代的里程碑意义。

实施乡村振兴战略是建设美丽中国的关键举措。农业是生态产品的重要供给者，乡村是生态涵养的主体区，生态是乡村最大的发展优势。乡村振兴，生态宜居是关键。实施乡村振兴战略，统筹山水林田湖草系统治理，加快推行乡村绿色发展方式，加强农村人居环境整治，有利于构建人与自然和谐共生的乡村发展新格局，实现百姓富、生态美的统一。

实施乡村振兴战略是健全现代社会治理格局的固本之策。社会治理的基础在基层，薄弱环节在乡村。乡村振兴，治理有效是基础。实施乡村振兴战略，加强农村基层基础工作，健全乡村治理体系，确保广大农民安居乐业、农村社会安定有序，有利于打造共建共治共享的现代社会治理格局，推进国家治理体系和治理能力现代化。

实施乡村振兴战略是建设现代化经济体系的重要基础。农业是国民经济的基础，农村经济是现代化经济体系的重要组成部分。乡村振兴，产业兴旺是重点。实施乡村振兴战略，深化农业供给侧结构性改革，构建现代农业产业体系、生产体系、经营体系，实现农村一、二、三产业深度融合发展，有利于推动农业从增产导向转向提质导向，增强我国农业创新力和竞争力，为建设现代化经济体系奠定坚实基础。

实施乡村振兴战略是实现全体人民共同富裕的必然选择。农业强不强、农村美不美、农民富不富，关乎亿万农民的获得感、幸福感、安全感，关乎全面建成小康社会全局。乡村振兴，生活富裕是根本。实施乡村振兴战略，不断拓宽农民增收渠道，全面改善农村生产生活条件，促进社会公平正义，有利于增进农民福祉，让亿万农民走上共同富裕的道路，汇聚起建设社会主义现代化强国的磅礴力量。

实施乡村振兴战略是传承中华优秀传统文化的有效途径。中华文明根植于农耕文化，乡村是中华文明的基本载体。乡村振兴，乡风文明是保障。实施乡村振兴战略，深入挖掘农耕文化蕴含的优秀思想观念、人文精神、道德规范，结合时代要求在保护传承的基础上创造性转化、创新性发展，有利于在新时代焕发出乡风文明的新气象，进一步丰富和传承发展中华优秀传统文化。

## 二、实施乡村振兴战略的基本原则

### （一）坚持党管农村工作

党管农村工作是我们党的一个传统，是实施乡村振兴战略的一个重大原则。农村工作在党和国家的各项工作中始终具有战略性、基础性地位和作用，党中央也始终把农业、农民和农村问题列为各项工作重中之重，毫不动摇地坚持和加强党对农村工作的领导，健全党管农村工作方面的领导体制机制和党内法规，确保党在农村工作中始终总揽全局、协调各方，为乡村振兴提供坚强有力的政治保障。

### （二）坚持农业农村优先发展

党的“十九大”报告从全局和战略高度，明确提出坚持农业农村优先发展。这是一个重大战略思想，是党中央着眼“两个一百年”奋斗目标的目标导向和农业农村短腿短板问题的问题导向作出的战略安排，表明在全面建设社会主义现代化国家新征程中，要始终坚持把解决好“三农”问题作为全党工作重中之重，真正把它摆在优先位置。坚持农业农村优先发展，就是要加大对农业农村发展的支持力度，把实现乡村振兴作为全党的共同意志、共同行动，做到认识统一、步调一致，在干部配备上优先考虑，在要素配置上优先满足，在资金投入上优先保障，在公共服务上优先安排，加快补齐农业农村短板。

（三）坚持农民主体地位

农民是农业的主体，是乡村振兴的主力军。习近平指出：“农村经济社会发展，说到底，关键在人；要通过富裕农民、提高农民、扶持农民，让农业经营有效益，让农业成为有奔头的产业，让农民成为体面的职业。”乡村发展的本质是人的发展。实施乡村振兴战略，应坚持以农民为主体地位不动摇，充分尊重农民意愿，切实发挥农民在乡村振兴中的主体作用，调动亿万农民的积极性、主动性、创造性，把维护农民群众根本利益、促进农民共同富裕作为出发点和落脚点，促进农民持续增收，不断提升农民的获得感、幸福感、安全感。

（四）坚持乡村全面振兴

实施乡村振兴战略，总要求是产业兴旺、生态宜居、乡风文明、治理有效、生活富裕，这是一个各方面协调发展的、乡村全面振兴的美丽图景。乡村振兴就是要推动农业全面升级、农村全面进步、农民全面发展，使乡村各方面建设全面推进、协调发展。实施乡村振兴战略，就要准确把握乡村振兴的科学内涵，挖掘乡村多种功能和价值，统筹谋划农村经济建设、政治建设、文化建设、社会建设、生态文明建设和党的建设，注重协同性、关联性，整体部署，协调推进。

（五）坚持城乡融合发展

我国工农及城乡关系经历了从农业支持工业、农村支持城市到以城带乡、以工补农的发展过程。进入新时代，将是城乡融合发展的新时期。中央农村工作会议指出，走好中国特色社会主义乡村振兴道路，必须重塑城乡关系，走城乡融合发展之路。要坚持以工补农、以城带乡，把公共基础设施建设的重点放在农村，推动农村基础设施建设提档升级，优先发展农村教育事业，促进农村劳动力转移就业和农民增收，加强农村社会保障体系建设，推进健康乡村建设，持续改善农村人居环境，逐步建立健全全民覆盖、普惠共享、城乡一体的基本公共服务体系，让符合条件的农业转移人口在城市落户定居，推动新型工业化、信息化、城镇化、农业现代化同步发展，加快形成工农互促、城乡互补、全面融合、共同繁荣的新型工农城乡关系。

（六）坚持人与自然和谐共生

牢固树立和践行绿水青山就是金山银山的理念，落实节约优先、保护优先、自然恢复为主的方针，统筹山水林田湖草系统治理，严守生态保护红线，以绿色发展引领乡村振兴。

（七）坚持改革创新、激发活力

不断深化农村改革，扩大农业对外开放，激活主体、激活要素、激活市场，调动各方力量投身乡村振兴。以科技创新引领和支撑乡村振兴，以人才汇聚推动和保障乡村振兴，增强农业农村自我发展动力。

（八）坚持因地制宜、循序渐进

我国农村区域广阔、类型复杂，实施乡村振兴战略，一定要走符合农村实际的路子，遵循乡村发展规律，因地制宜、因势利导，保留乡村特色风貌。乡村振兴是一个长期的过程，必须一步一个脚印，踏踏实实、循序渐进。科学把握乡村的差异性和发展走势分化特征，做好顶层设计，注重规划先行、因势利导，分类施策、突出重点，体现特色、丰富多彩。既尽力而为，又量力而行，不搞层层加码，不搞一刀切，不搞形式主义和形象工程，久久为功，扎实推进。

## 三、实施乡村振兴战略的目标要求

党的“十九大”报告中强调要“实施乡村振兴战略”，并分别设定了到2020年、2022年、2035年、2050年的目标任务，并指出“产业兴旺、生态宜居、乡风文明、治理有效、生活富裕”是实施乡村振兴战略的总体规划和总体要求。

### （一）实施乡村振兴战略的目标

到2020年，乡村振兴的制度框架和政策体系基本形成，各地区各部门乡村振兴的思路举措得以确立，全面建成小康社会的目标如期实现。

到2022年，乡村振兴的制度框架和政策体系初步健全。国家粮食安全保障水平进一步提高，现代农业体系初步构建，农业绿色发展全面推进；农村一、二、三产业融合发展格局初步形成，乡村产业加快发展，农民收入水平进一步提高，脱贫攻坚成果得到进一步巩固；农村基础设施条件持续改善，城乡统一的社会保障制度体系基本建立；农村人居环境显著改善，生态宜居的美丽乡村建设扎实推进；城乡融合发展体制机制初步建立。农村基本公共服务水平进一步提升；乡村优秀传统文化得以传承和发展，农民精神文化生活需求基本得到满足；以党组织为核心的农村基层组织建设明显加强，乡村治理能力进一步提升。现代乡村治理体系初步构建。探索形成一批各具特色的乡村振兴模式和经验，乡村振兴取得阶段性成果。

到2035年，乡村振兴取得决定性进展，农业农村现代化基本实现。农业结构得到根本性改善，农民就业质量显著提高，相对贫困进一步缓解，共同富裕迈出坚实步伐；城乡基本公共服务均等化基本实现，城乡融合发展体制机制更加完善；乡风文明达到新高度，乡村治理体系更加完善；农村生态环境根本好转，生态宜居的美丽乡村基本实现。

到2050年，乡村全面振兴，农业强、农村美、农民富全面实现。

（二）实施乡村振兴战略的总体要求

1. 产业兴旺

“产业兴旺”是实施乡村振兴战略的核心，是乡村振兴的基础，也是推进经济建设的首要任务。产业兴才能乡村兴，经济强才能人气旺。必须坚持质量兴农、绿色兴农，以农业供给侧结构性改革为主线，加快构建现代农业产业体系、生产体系、经营体系，提高农业创新力、竞争力和全要素生产率，加快实现由农业大国向农业强国转变。从目前来看就是要以推进农业供给侧结构性改革，培训农村发展新动能为主线，加快推进农业产业升级，提高农业的综合效益和竞争力。

2. 生态宜居

“生态宜居”是生态文明建设的重要任务。良好生态环境是农村最大优势和宝贵财富。必须尊重自然、顺应自然、保护自然，推动乡村自然资本加快增值，实现百姓富、生态美的统一。实现生态宜居理念上要实现三大转变，抓手上要完成四大任务。即理念上要实现三大转变：第一个就是要转变发展观念，把农村生态文明建设摆在更加突出的位置。第二个要转变发展方式，要构建五谷丰登、六畜兴旺的绿色生态系统。第三就是要转变发展模式，发展模式转变要健全以绿色生态为保障的农业政策。抓手上要完成四大任务：一是在治理农业生态突出问题上，要取得新成效。二是在加大农业生态系统保护力度上要取得新进展。三是在建立市场化、多元化的生态补偿机制上，要取得新突破。四是在发展绿色生态新产业、新业态上迈出新步伐。

3. 乡风文明

“乡风文明”是加强文化建设的重要举措，在整个乡村振兴过程中，要特别注意避免过去的只抓经济，不抓文化的问题。换句话说，既要护口袋，还要护脑袋。实现乡风文明主要抓好几件事，第一，要加强农村的思想道德建设，立足传承中华优秀传统文化，增强发展软实力，更重要的是发掘继承、创新发展优秀乡土文化，这不仅是概念，还是产品产业；第二，要充分挖掘具有农耕特质、民族特色、区域特点这样的物质文化和非物质文化遗产；第三，要推行诚信社会建设，要强化责任意识、规则意识、风险意识；第四，要加强农村移风易俗工作，比如：文明乡风，良好家风，纯朴良风；第五，要搞好农村公共服务体系，包括基础设施和公共服务。

4. 治理有效

“治理有效”是加强农村政治建设的重要保障。当前农村人口老龄化、村庄空心化、家庭离散化问题凸显，把夯实基层基础作为固本之策，才能确保乡村社会充满活力。要把乡村社体系建设问题，作为乡村建设的牛鼻子，建立和完善以党的基层组织为核心，村民自治和村务监督组织为基础，集体经济组织和农民合作组织为纽带，各种社会服务组织为补充的农村治理体系。加强农村基层工作、农村基础工作“双基”工作。

5. 生活富裕

“生活富裕”是建立美丽社会和谐社会的根本要求。乡村振兴的出发点和落脚点，是让亿万农民生活得更美好。要让农民平等参与现代化进程，共同分享现代化的成果，一是要拓宽农民的收入渠道，促进农民致富增收；二是要加强农村基础设施建设，基层公共服务水平；三是要开展村庄的人居环境整治，推进美丽宜居乡村建设。

# 第三章　了解国家惠农富农政策

## 一、农村金融和财税基本政策

（一）农村金融

1. 农村金融体系

我国农村金融体系是以商业性金融、政策性金融和合作性金融为主，民间金融为辅，但它们之间的功能既有重叠，又有空缺，使得金融体系存在一定的缺陷，因此，需要重新定位和调整。

（1）以商业金融为主导，充分发展农村商业金融。加快推进中国农业银行股份制改革，继续促进农村经济发展。在尊重农村金融体系现实格局的前提下，应充分发挥农行在县域商业金融的基础作用。坚持农业银行的商业化改革方向，并通过改革进一步拓宽和增强农行的支农功能，巩固自身已取得的商业化改革成果，使其经营决策和金融服务贴近基层，贴近农村。

（2）逐步调整邮政储蓄银行的业务范围。随着邮储银行内部控制和风险管理能力的提高，可以发挥在农村的网点优势。可以考虑从以下渠道解决邮政储蓄资金部分返回农村使用的问题：一是通过邮储银行总行将邮储资金用于国家级大型涉农项目；二是在县一级邮储银行开办小额质押贷款、保证贷款、小企业联保贷款业务；三是开办担保公司担保类贷款；四是与农村信用社合作，开办协议存款业务。

（3）逐步健全农村政策金融。要改变目前农业发展银行只负责国家粮棉油收购贷款的格局，必须扩大其业务外延。进一步拓宽支农领域，逐步将支持重点由农产品流通领域转向农业生产领域。要严格界定政策性金融的业务边界，对农村的教育、卫生等有社会效益，但经济效益差的基础设施项目，需要财政的无偿投入；对农业开发等社会效益高而经济效益低、但回收有保障的项目，需要财政有偿投入，这是政策性金融应给予支持的领域。

（4）调整并规范农村合作金融。坚持在自愿互利的基础上，按照通行的合作原则建立相互协作、互助互利的“合作性”资金融通机构，真正体现自愿性、互助共济性、民主管理性、非营利性。农村信用社要在坚持合作制改革基本方向的前提下，继续加大产权改革力度，完善法人治理结构。充分发挥农村信用社服务“三农”的主力军作用，进一步创新金融服务措施，推出更多的适合农民的、更为便捷的金融产品，满足农村对信贷资金的需求。

（5）规范和发展民间金融。与正规金融相比，民间借贷虽具有制度、信息、成本、速度上的优势。这些独特的优势，使民间借贷与正规金融形成了强烈的互补效应，成为我国金融体系中不可或缺的组成部分。但民间金融也会带来一系列负面影响，如缺乏法律约束、风险大、不稳定性、盲目性、非规范性等，所以国家要尽快制定《民间借贷法》等法律法规，明确其借贷最高额、利率，要求借贷双方向税务部门纳税、到公证机关进行公证，并对高额暴利行为予以打击、取缔，将这一传统的民间金融纳入法制化轨道。

此外，还应积极发展农业保险，发展农产品期货，建立农业生产风险规避机制等，从多发面共同建立一个与社会主义新农村建设相适应的农村金融体系。

2. 金融信贷服务

综合运用税收、奖补等政策，鼓励金融机构创新产品和服务，加大对新型农业经营主体、农村产业融合发展的信贷支持。建立健全全国农业信贷担保体系，确保对从事粮食生产和农业适度规模经营的新型农业经营主体的农业信贷担保余额不得低于总担保规模的70%。支持龙头企业为其带动的农户、家庭农场和农民合作社提供贷款担保。有条件的地方可建立市场化林权收储机构，为林业生产贷款提供林权收储担保的机构给予风险补偿。稳步推进农村承包土地经营权和农民住房财产权抵押贷款试点，探索开展粮食生产规模经营主体营销贷款和大型农机具融资租赁试点，积极推动厂房、生产大棚、渔船、大型农机具、农田水利设施产权抵押贷款和生产订单、农业保单融资。鼓励发展新型农村合作金融，稳步扩大农民合作社内部信用合作试点。建立新型农业经营主体生产经营直报系统，点对点对接信贷、保险和补贴等服务，探索建立新型农业经营主体信用评价体系，对符合条件的灵活确定贷款期限，简化审批流程，对正常生产经营、信用等级高的可以实行贷款优先等措施。积极引导互联网金融、产业资本依法依规开展农村金融服务。

3. 专项资金补助

高效设施农业专项资金，重点补助新建、扩建高效农产品规模基地设施建设。

农业产业化龙头企业发展专项资金，重点补助农业产业化龙头企业及产业化扶贫龙头企业，对于扩大基地规模、实施技术改造、提高加工能力和水平给予适当奖励。

外向型农业专项资金，重点补助新建、扩建出口农产品基地建设及出口农产品品牌培育。

农业3项工程资金，包括农产品流通、农产品品牌和农业产业化工程的扶持资金，重点是基因库建设。

农产品质量建设资金，重点补助新认定的无公害农产品产地、全程质量控制项目及无公害农产品、绿色、有机食品获证奖励。

农民专业合作组织发展资金，重点补助“四有”农民专业合作经济组织，即依据有关规定注册，具有符合“民办、民管、民享”原则的农民合作组织章程；有比较规范的财务管理制度，符合民主管理决策等规范要求；有比较健全的服务网络，能有效地为合作组织成员提供农业专业服务；合作组织成员原则上不少于100户，同时，具有一定产业基础。鼓励他们扩大生产规模、提高农产品初加工能力等。

海洋渔业开发资金。重点补助特色高效海洋渔业开发。

丘陵山区农业开发资金，重点补助丘陵地区农业结构调整和基础设施建设。

4. 财政贴息政策

财政贴息是政府提供的一种较为隐蔽的补贴形式，即政府代企业支付部分或全部贷款利息，其实质是向企业成本价格提供补贴。财政贴息是政府为支持特定领域或区域发展，根据国家宏观经济形势和政策目标，对承贷企业的银行贷款利息给予的补贴。政府将加快农村信用担保体系建设，以财政贴息政策等相关方式，解决种养业“贷款难”问题。为鼓励项目建设，政府在财政资金安排方面给予倾斜和大力扶持。农业财政贴息主要有2种方式：一是财政将贴息资金直接拨付给受益农业企业；二是财政将贴息资金拨付给贷款银行，由贷款银行以政策性优惠利率向农业企业提供贷款。为实施农业产业化提升行动，对于成长性好、带动力强的龙头企业给予财政贴息，支持龙头企业跨区域经营，促进优势产业集群发展。中央和地方财政增加农业产业化专项资金，支持龙头企业开展技术研发、节能减排和基地建设等。同时，探索采取建立担保基金、担保公司等方式，解决龙头企业融资难问题。此外，为配合各种补贴政策的实施，各个省和市同时出台了较多的惠农政策。

5. 小额贷款政策

为促进农业发展，帮助农民致富，金融部门把扶持“高产、优质、高效”农业、帮助农民增收项目作为重点，加大小额贷款支农力度。明确要求基层信用社必须把65%的新增贷款用于支持农业生产，支持面不低于农村总户数的25%，还对涉及小额信贷的致富项目，在原有贷款利率的基础上，下浮30%的贷款利率。

6. 财政支持建立全国农业信贷担保体系政策

财政部、农业部、银监会联合下发《关于财政支持建立农业信贷担保体系的指导意见》（财农［2015］121号），提出力争用3年时间建立健全具有中国特色、覆盖全国的农业信贷担保体系框架，为农业尤其是粮食适度规模经营的新型经营主体提供信贷担保服务，切实解决农业发展中的“融资难”“融资贵”问题，支持新型经营主体做大做强，促进粮食稳定发展和农业现代化建设。

全国农业信贷担保体系主要包括国家农业信贷担保联盟、省级农业信贷担保机构和市、县农业信贷担保机构。中央财政利用粮食适度规模经营资金对地方建立农业信贷担保体系提供资金支持，并在政策上给予指导。财政出资建立的农业信贷担保机构必须坚持政策性、专注性和独立性，应优先满足从事粮食适度规模经营的各类新型经营主体的需要。对新型经营主体的农业信贷担保余额不得低于总担保规模的70%。在业务范围上，可以对新型经营主体开展粮食生产经营的信贷提供担保服务，包括基础设施、扩大和改进生产、引进新技术、市场开拓与品牌建设、土地长期租赁、流动资金等方面，还可以逐步向农业其他领域拓展，并向与农业直接相关的二、三产业延伸，促进农村一、二、三产业融合发展。

（二）农村税收

1. 企业所得税涉农优惠相关规定

依据《中华人民共和国企业所得税法》（以下简称《企业所得税法》）（主席令第63号）及《企业所得税法实施条例》的规定。对企业从事下列项目的所得，免征企业所得税。

（1）蔬菜、谷物、薯类、油料、豆类、棉花、麻类、糖料、水果、坚果的种植。

（2）农作物新品种的选育。

（3）中药材的种植。

（4）林木的培育和种植。

（5）牲畜、家禽的饲养。

（6）林产品的采集。

（7）灌溉、农产品初加工、兽医、农技推广、农机作业和维修等农、林、牧、渔服务业项目。

（8）远洋捕捞。

另外，新企业所得税法对企业从事下列项目的所得，减半征收企业所得税。

①花卉、茶以及其他饮料作物和香料作物的种植。

②海水养殖、内陆养殖。

2. 征免政策界限的划分

人们习惯上将从事农、林、牧、渔业项目的企业称之为农口企业。而企业从事农、林、牧、渔业项目的所得可以减免企业所得，即将减免税对象定位于企业从事某些项目的所得，而不是企业。这样一来，即使企业的主业不在优惠范围之内，但其从事了税法规定的优惠项目，也可以享受相应的税收优惠。

《企业所得税法》及其实施条例明确规定，从事农、林、牧、渔业项目的所得可以减免企业所得税，财政部国家税务总局发布的《享受企业所得税优惠政策的农产品初加工范围（试行）》，进一步明确了农产品初加工范围，与新税法规定同步执行。具体包括企业从事蔬菜、谷物、薯类、油料、豆类、棉花、麻类、糖料、水果、坚果的种植，中药材的种植，林木的培育和种植，牲畜、家禽的饲养，农作物新品种的选育，林产品的采集，灌溉、农产品初加工、兽医、农技推广、农机作业和维修等农、林、牧、渔服务业项目，远洋捕捞项目的所得，免征企业所得税。企业从事花卉、茶以及其他饮料作物和香料作物的种植，海水养殖、内陆养殖项目的所得，减半征收企业所得税。

《企业所得税法》明确对没有列明的项目以及国家禁止和限制发展的项目，不得享受税法规定的涉农税收优惠。在农、林、牧、渔业项目中，有2类项目是不得享受税法规定的企业所得税优惠：一是税法没有列明的农、林、牧、渔业项目，不得享受企业所得税的税收优惠。《国民经济行业分类》中列举了全部的农、林、牧、渔业项目，但税法只是根据国家有关扶持和鼓励政策，从其中挑选一些特别重要的部分给予减税和免税优惠，其他没有挑选列明的项目即不属于企业所得税的税收优惠范围。二是企业从事国家限制和禁止发展的项目，不得享受企业所得税优惠。国家限制和禁止发展的项目，发展改革委等有关部门有专门的目录，一般分为鼓励类、限制类和禁止类。因此，对企业取得的各项收入应严格区分征免税项目，分开核算，分列填报，分别适用税收征免税政策规定。

3. 增值税涉农优惠支持

根据《中华人民共和国增值税暂行条例》制定的《中华人民共和国增值税暂行条例实施细则》，对农业方面的税收优惠政策在原有的基础上进行了重新明确。对农业生产者销售的自产农产品免征增值税。所称农业，是指种植业、养殖业、林业、牧业、水产业；农业生产者，包括从事农业生产的单位和个人。农产品，是指初级农产品，具体范围由财政部、国家税务总局确定。

《财政部、国家税务总局关于农民专业合作社有关税收政策的通知》规定：对依照《中华人民共和国农民专业合作社法》规定设立和登记的农民专业合作社销售本社成员生产的农业产品，视同农业生产者销售自产农业产品免征增值税；增值税一般纳税人从农民专业合作社购进的免税农业产品，可按13%的扣除率计算抵扣增值税进项税额；对农民专业合作社向本社成员销售的农膜、种子、种苗、化肥、农药、农机，免征增值税。

《财政部、国家税务总局关于有机肥产品免征增值税的通知》规定：纳税人生产销售和批发、零售有机肥产品（包括有机肥料、有机—无机复混肥料和生物有机肥）免征增值税。

4. 土地使用税与耕地占用税涉农优惠支持

《中华人民共和国耕地占用税暂行条例》第十四条第二款规定：建设直接为农业生产服务的生产设施“占用林地、牧草地、农田水利用地、养殖水面以及渔业水域滩涂等其他农用地建房或者从事非农业建设的”，不征收耕地占用税。

《中华人民共和国城镇土地使用税暂行条例》（以下简称《城镇土地使用税暂行条例》）（国务院令第483号）规定：直接用于农、林、牧、渔业的生产用地免缴土地使用税。

国家税务总局《关于调整房产税和土地使用税具体征税范围解释规定的通知》规定：“对农林牧渔业用地和农民居住用房屋及土地，不征收房产税和土地使用税”。

《财政部、国家税务总局关于房产税、城镇土地使用税有关政策的通知》规定：在城镇土地使用税征收范围内经营采摘、观光农业的单位和个人，其直接用于采摘、观光的种植、养殖、饲养的土地，根据《城镇土地使用税暂行条例》第六条中“直接用于农、林、牧、渔业的生产用地”的规定，免征城镇土地使用税。在城镇土地使用税征收范围内，利用林场土地兴建度假村等休闲娱乐场所的，其经营、办公和生活用地，应按规定征收城镇土地使用税。

根据当前集体土地使用中出现的新情况、新问题，《财政部、国家税务总局关于集体土地城镇土地使用税有关政策的通知》规定：在城镇土地使用税征税范围内实际使用应税集体所有建设用地、但未办理土地使用权流转手续的，由实际使用集体土地的单位和个人按规定缴纳城镇土地使用税。该规定自 2006 年 5 月 1 日起执行，此前凡与该规定不一致的一律以本通知为准。

（三）农业保险

农业保险是指保险机构根据农业保险合同，对被保险人在种植业、林业、畜牧业和渔业生产中因保险标的遭受约定的自然灾害、意外事故、疫病、疾病等保险事故所造成的财产损失，承担赔偿保险金责任的保险活动。

农业保险主要包括下列类别。

1. 种植业保险、畜牧业保险、渔业保险和森林保险

按照农业生产的对象分，农业保险可以分为种植业保险、畜牧业保险、渔业保险和森林保险

种植业保险通俗来说就是农作物保险，如水稻、小麦等。畜牧业保险主要保牲畜和家禽，渔业保险是为渔民量身打造的，森林保险就是“森林卫士”。

保险机构要贯彻《农业保险条例》，巩固种养殖业保险，大力发展农房、农机具、渔业、设施农业保险，积极开展地方支柱农业和区域优势品种保险试点，扩大重要“菜篮子”产品保险覆盖面。创新发展价格指数、天气指数、小额信贷保证保险等新型险种。加强涉农信贷与涉农保险的协作配合，将投保情况作为授信要素。

2. 能繁母猪的保险

不是所有能繁母猪都能上保险，前提条件是它打了专用耳标。耳标好比动物的“身份证”，它是佩戴在动物耳部，用于记录标的畜龄、防疫等信息的标牌，以数字、二维码或者电子芯片的形式标记。另外，能繁母猪能否投保还可能受到母猪畜龄、存栏量、饲养圈舍卫生、健康状况、防疫记录等因素限制，具体以各地区的保险条款规定为准。

一般来说投保人及其家庭成员、被保险人及其家庭成员、投保人或被保险人雇用人员的故意行为导致标的死亡，保险公司不予以赔付。

母猪因得传染病被强行扑杀，在保险期间内，由于发生保险条款列明的高传染性疫病，政府实施强制扑杀导致保险母猪死亡，保险公司也负责赔偿，但赔偿金额以保险金额扣减政府扑杀专项补贴金额的差额为限。

3. 农村劳动力意外伤害救灾保险

农村劳动力意外伤害保险是指居住在农村的无严重疾病和伤残的家庭劳动者因自然灾害或意外事故造成严重伤残或死亡时，由国家、集体和劳动者个人共同集资成立的救灾保险互济组织，按条款规定及时给付救助费或补助金的做法。其保险目的是通过国家、集体和个人共同筹集一定的救灾保险基金，用来保障农村劳动力伤残有医治，死亡有补偿的一种社会保险制度，以促进农村社会安定和生产力发展。其保险范围，农村年满 18～60 周岁的无严重疾病或伤残的家庭劳动者。

保险责任，凡因下列原因导致家庭劳动力严重伤残、死亡时，救灾保险互济组织负责补偿或救助：一是水灾、火灾、风暴、雪冻、地震、冰雹、泥石流及雷击触电。二是爆炸、交通事故、中毒、猛兽袭击。三是固定物体倒塌、空中运行物撞击或机械事故。四是农村集体承保的生产队（组）负责人及农场主对所属单位的农工、合同工和受聘人员在保险期内负有因意外人身伤害享受补偿的责任。

由于下列原因导致在保劳动力严重伤残或死亡时，救灾保险组织不负保险或救助责任。一是长期或突发性疾病。二是被保人及其家庭人员、亲友的故意行为。三是打架、斗殴、酗酒或违章、违纪、违法、犯罪及不道德行为。四是战争或军事行为以及集会、游行、公共娱乐场所引起的伤害。

保险期限一般为 1 年，即自投保人交纳保费之日起，至期满日 24 时止。

4. 农业保险险种的财政补贴

农业保险有政策性农业保险和商业性农业保险之分，只有政策性农业保险才可以享受财政补贴。具体的政策性农业保险险种要依据地方的实际来确定，种类和范围在各地区都有所不同。比较常见的保费补贴品种有水稻、小麦、玉米、能繁母猪、奶牛、天然橡胶、森林等。

5. 涉农保险

涉农保险是指农业保险以外、为农民在农业生产生活中提供保险保障的保险，包括农房、农机具、渔船等财产保险，涉及农民的生命和身体等方面的短期意外伤害保险。保险机构经营有政策支持的涉农保险，参照适用《农业保险条例》的有关规定。

## 二、城乡居民医疗保险政策

城乡居民基本医疗保险是整合城镇居民基本医疗保险（简称城镇居民医保）和新型农村合作医疗（简称新农合）2 项制度，建立统一的城乡居民基本医疗保险（简称城乡居民医保）制度。

（一）基本原则

1. 统筹规划、协调发展

要把城乡居民医保制度整合纳入全民医保体系发展和深化医改全局，统筹安排，合理规划，突出医保、医疗、医药三医联动，加强基本医保、大病保险、医疗救助、疾病应急救助、商业健康保险等衔接，强化制度的系统性、整体性、协同性。

2. 立足基本、保障公平

要准确定位，科学设计，立足经济社会发展水平、城乡居民负担和基金承受能力，充分考虑并逐步缩小城乡差距、地区差异，保障城乡居民公平享有基本医保待遇，实现城乡居民医保制度可持续发展。

3. 因地制宜、有序推进

要结合实际，全面分析研判，周密制订实施方案，加强整合前后的衔接，确保工作顺畅接续、有序过渡，确保群众基本医保待遇不受影响，确保医保基金安全和制度运行平稳。

4. 创新机制、提升效能

要坚持管办分开，落实政府责任，完善管理运行机制，深入推进支付方式改革，提升医保资金使用效率和经办管理服务效能。充分发挥市场机制作用，调动社会力量参与基本医保经办服务。

（二）整合基本制度政策

1. 统一覆盖范围

城乡居民医保制度覆盖范围包括现有城镇居民医保和新农合所有应参保（合）人员，即覆盖除职工基本医疗保险应参保人员以外的其他所有城乡居民。农民工和灵活就业人员依法参加职工基本医疗保险，有困难的可按照当地规定参加城乡居民医保。各地要完善参保方式，促进应保尽保，避免重复参保。

2. 统一筹资政策

坚持多渠道筹资，继续实行个人缴费与政府补助相结合为主的筹资方式，鼓励集体、单位或其他社会经济组织给予扶持或资助。各地要统筹考虑城乡居民医保与大病保险保障需求，按照基金收支平衡的原则，合理确定城乡统一的筹资标准。现有城镇居民医保和新农合个人缴费标准差距较大的地区，可采取差别缴费的办法，利用2~3年时间逐步过渡。整合后的实际人均筹资和个人缴费不得低于现有水平。

完善筹资动态调整机制。在精算平衡的基础上，逐步建立与经济社会发展水平、各方承受能力相适应的稳定筹资机制。逐步建立个人缴费标准与城乡居民人均可支配收入相衔接的机制。合理划分政府与个人的筹资责任，在提高政府补助标准的同时，适当提高个人缴费比重。

3. 统一保障待遇

遵循保障适度、收支平衡的原则，均衡城乡保障待遇，逐步统一保障范围和支付标准，为参保人员提供公平的基本医疗保障。妥善处理整合前的特殊保障政策，做好过渡与衔接。

城乡居民医保基金主要用于支付参保人员发生的住院和门诊医药费用。稳定住院保障水平，政策范围内住院费用支付比例保持在75%左右。进一步完善门诊统筹，逐步提高门诊保障水平。逐步缩小政策范围内支付比例与实际支付比例间的差距。

4. 统一医保目录

统一城乡居民医保药品目录和医疗服务项目目录，明确药品和医疗服务支付范围。各省（区、市）要按照国家基本医保用药管理和基本药物制度有关规定，遵循临床必需、安全有效、价格合理、技术适宜、基金可承受的原则，在现有城镇居民医保和新农合目录的基础上，适当考虑参保人员需求变化进行调整，有增有减、有控有扩，做到种类基本齐全、结构总体合理。完善医保目录管理办法，实行分级管理、动态调整。

5. 统一定点管理

统一城乡居民医保定点机构管理办法，强化定点服务协议管理，建立健全考核评价机制和动态的准入退出机制。对非公立医疗机构与公立医疗机构实行同等的定点管理政策。原则上由统筹地区管理机构负责定点机构的准入、退出和监管，省级管理机构负责制订定点机构的准入原则和管理办法，并重点加强对统筹区域外的省、市级定点医疗机构的指导与监督。

6. 统一基金管理

城乡居民医保执行国家统一的基金财务制度、会计制度和基金预决算管理制度。城乡居民医保基金纳入财政专户，实行“收支两条线”管理。基金独立核算、专户管理，任何单位和个人不得挤占挪用。

结合基金预算管理全面推进付费总额控制。基金使用遵循以收定支、收支平衡、略有结余的原则，确保应支付费用及时足额拨付，合理控制基金当年结余率和累计结余率。建立健全基金运行风险预警机制，防范基金风险，提高使用效率。

强化基金内部审计和外部监督，坚持基金收支运行情况信息公开和参保人员就医结算信息公示制度，加强社会监督、民主监督和舆论监督。

（三）2018 年城乡居民医保工作

1. 提高城乡居民医保筹资标准

2018 年城乡居民医保财政补助和个人缴费标准同步提高。各级财政人均补助标准在 2017 年基础上新增 40 元，达到每人每年不低于 490 元。其中，中央财政对基数部分的补助标准不变，对新增部分按照西部地区 80%和中部地区 60%的比例安排补助，对东部地区各省份分别按一定比例补助。省级财政要加大对深度贫困地区倾斜力度，进一步完善省级及以下财政分担办法，地方各级财政要按照规定足额安排本级财政补助资金并及时拨付到位。2018 年城乡居民医保人均个人缴费标准同步新增 40 元，达到每人每年 220 元。各统筹地区要科学合理确定具体筹资标准并划分政府和个人分担比例。年人均财政补助和个人缴费水平已达到国家规定的最低标准的地区，在确保各项待遇落实的前提下，可根据实际合理确定 2018 年筹资标准。

2. 推进统一的城乡居民医保制度建立

各地要按照党中央、国务院的要求，抓紧推进整合工作，2019 年全国范围内统一的城乡居民医保制度全面启动实施。未出台整合方案和尚未启动运行的地区要抓紧出台方案并尽快启动实施；已启动运行的要实现制度深度融合，提高运行质量，增强保障功能。

整合过程中，要结合全民参保计划，巩固城乡居民医保覆盖面，确保稳定连续参保，实现应保尽保，避免重复参保。完善新生儿、大学生以及已取得居住证的常住人口等特殊人群参保登记及缴费办法，确保及时参保，杜绝发生参保空档期。要注意对特殊问题、特殊政策进行妥善处理，稳定待遇预期，防止福利化倾向。

3. 完善门诊统筹保障机制

全面推进和完善城乡居民医保门诊统筹，通过互助共济增强门诊保障能力。尚未实行门诊保障的地区，要加快推进建立门诊统筹。实行个人（家庭）账户的，要逐步向门诊统筹平稳过渡。

完善协议管理，将医保定点协议管理和家庭医生签约服务有机结合，依托基层医疗机构，发挥“守门人”作用。探索门诊统筹按人头付费，明确按人头付费的基本医疗服务包范围，通过与医疗机构平等协商谈判确定按人头付费标准。针对门诊统筹特点逐步完善考核评价指标体系，将考核结果与费用结算挂钩，确保服务质量。

4. 做好贫困人口医疗保障工作

立足现有制度采取综合措施，提高贫困人口医疗保障水平。全面落实资助困难人员参保政策，确保将特困人员、低保对象、重度残疾人、建档立卡贫困人口等困难人员纳入城乡居民医保和城乡居民大病保险（以下简称大病保险），实现应保尽保。2018年城乡居民医保人均新增财政补助中的一半（人均20元）用于大病保险，重点聚焦深度贫困地区和因病因残致贫返贫等特殊贫困人口，完善大病保险对贫困人口降低起付线、提高支付比例和封顶线等倾斜支付政策。加强医疗救助托底保障能力，在基本医保、大病保险基础上，进一步提高贫困人口受益水平。优化贫困人口就医结算服务，推广基本医保、大病保险、医疗救助和其他保障措施“一站式”结算，减轻贫困人口跑腿垫资负担。

5. 改进管理服务

巩固完善市级统筹，有条件的地区可探索省级统筹，实现一市或一省范围内就医报销无异地，提高城乡居民医疗服务利用公平性。整合优化城乡经办资源配置，加强基层服务平台建设，尽快实行一体化管理运行，为参保群众提供便捷服务。巩固完善异地就医住院费用直接结算工作，妥善解决农民工和“双创”人员异地就医问题，为城乡居民规范转外就医提供方便快捷服务，减少跑腿垫资。

深化支付方式改革，统筹基本医保和大病保险，逐步扩大按病种付费的病种数量，全面推行以按病种付费为主的多元复合式医保支付方式。完善医保服务协议管理，将监管重点从医疗费用控制转向医疗费用和医疗质量双控制。不断完善医保信息系统，全面推开医保智能监控工作。统筹考虑参保人员个人费用负担与基金支出，加强对总体医疗费用控制。

增强风险防范意识，加强基金运行分析。要进一步完善基金收支预算管理，建立健全风险预警、评估、化解机制及预案，确保基金安全，不出现系统性风险。进一步规范大病保险委托承办管理，健全大病保险收支结余和政策性亏损的动态调整机制，落实基金监管责任。完善大病保险统计分析，加强运行监督管理，督促承办机构加强费用管控，确保基金合理高效使用。

## 三、新型农村社会养老保险政策

新型农村社会养老保险（以下简称新农保）是以保障农村居民年老时的基本生活为目的，由政府组织实施的一项社会养老保险制度，是国家社会保险体系的重要组成部分。

（一）基本原则

新农保试点的基本原则是“保基本、广覆盖、有弹性、可持续”。一是从农村实际出发，低水平起步，筹资标准和待遇标准要与经济发展及各方面承受能力相适应；二是个人（家庭）、集体、政府合理分担责任，权利与义务相对应；三是政府主导和农民自愿相结合，引导农村居民普遍参保；四是中央确定基本原则和主要政策，地方制订具体办法，对参保居民实行属地管理。

（二）任务目标

探索建立个人缴费、集体补助、政府补贴相结合的新农保制度，实行社会统筹与个人账户相结合，与家庭养老、土地保障、社会救助等其他社会保障政策措施相配套，保障农村居民老年基本生活。2009 年试点覆盖面为全国 10%的县（市、区、镇），以后逐步扩大试点，在全国普遍实施，2020 年之前基本实现对农村适龄居民的全覆盖。

（三）参保范围

年满 16 周岁（不含在校学生）、未参加城镇职工基本养老保险的农村居民，可以在户籍地自愿参加新农保。

（四）基金筹集

新农保基金由个人缴费、集体补助、政府补贴构成。

1. 个人缴费

参加新农保的农村居民应当按规定缴纳养老保险费。缴费标准设为每年 100 元、200 元、300 元、400 元、500 元 5 个档次，地方可以根据实际情况增设缴费档次。参保人自主选择档次缴费，多缴多得。国家依据农村居民人均纯收入增长等情况适时调整缴费档次。

2. 集体补助

有条件的村集体应当对参保人缴费给予补助，补助标准由村民委员会召开村民会议民主确定。鼓励其他经济组织、社会公益组织、个人为参保人缴费提供资助。

3. 政府补贴

政府对符合领取条件的参保人全额支付新农保基础养老金，其中中央财政对中西部地区按中央确定的基础养老金标准给予全额补助，对东部地区给予 50%的补助。

地方政府应当对参保人缴费给予补贴，补贴标准不低于每人每年 30 元；对选择较高档次标准缴费的，可给予适当鼓励，具体标准和办法由省（市、区）人民政府确定。对农村重度残疾人等缴费困难群体，地方政府为其代缴部分或全部最低标准的养老保险费。

（五）建立个人账户

国家为每个新农保参保人建立终身记录的养老保险个人账户。个人缴费，集体补助及其他经济组织、社会公益组织、个人对参保人缴费的资助，地方政府对参保人的缴费补贴，全部记入个人账户。个人账户储存额每年参考中国人民银行公布的金融机构人民币一年期存款利率计息。

（六）养老金待遇

养老金待遇由基础养老金和个人账户养老金组成，支付终身。

中央确定的基础养老金标准为每人每月55元。地方政府可以根据实际情况提高基础养老金标准，对于长期缴费的农村居民，可适当加发基础养老金，提高和加发部分的资金由地方政府支出。

个人账户养老金的月计发标准为个人账户全部储存额除以139（与现行城镇职工基本养老保险个人账户养老金计发系数相同）。参保人死亡，个人账户中的资金余额，除政府补贴外，可以依法继承；政府补贴余额用于继续支付其他参保人的养老金。

（七）养老金待遇领取条件

年满60周岁、未享受城镇职工基本养老保险待遇的农村有户籍的老年人，可以按月领取养老金。

新农保制度实施时，已年满60周岁、未享受城镇职工基本养老保险待遇的，不用缴费，可以按月领取基础养老金，但其符合参保条件的子女应当参保缴费；距领取年龄不足15年的，应按年缴费，也允许补缴，累计缴费不超过15年；距领取年龄超过15年的，应按年缴费，累计缴费不少于15年。

要引导中青年农民积极参保、长期缴费，长缴多得。具体办法由省（市、区）人民政府规定。

（八）待遇调整

国家根据经济发展和物价变动等情况，适时调整全国新农保基础养老金的最低标准。

（九）相关制度衔接

原来已开展以个人缴费为主、完全个人账户农村社会养老保险（以下称老农保）的地区，要在妥善处理老农保基金债权问题的基础上，做好与新农保制度衔接。在新农保试点地区，凡已参加了老农保、年满60周岁且已领取老农保养老金的参保人，可直接享受新农保基础养老金；对已参加老农保、未满60周岁且没有领取养老金的参保人，应将老农保个人账户资金并入新农保个人账户，按新农保的缴费标准继续缴费，待符合规定条件时享受相应待遇。

## 四、农业生产补贴政策

### （一）测土配方施肥补助政策

中央财政安排测土配方施肥专项资金7亿元，深入推进测土配方施肥，结合“到2020年化肥使用量零增长行动”，选择一批重点县开展化肥减量增效试点。创新实施方式，依托新型经营主体和专业化农化服务组织，集中连片整体实施，促进化肥减量增效、提质增效，着力提升科学施肥水平。项目区测土配方施肥技术覆盖率达到90%以上，畜禽粪便和农作物秸秆养分还田率显著提高，配方肥推广面积和数量实现“双增”，主要农作物施肥结构、施肥方式进一步优化。

### （二）畜牧良种补贴政策

我国近年投入畜牧良种补贴资金12亿元，主要用于对项目省养殖场（户）购买优质种猪（牛）精液或者种公羊、牦牛种公牛给予价格补贴。生猪良种补贴标准为每头能繁母猪40元；肉牛良种补贴标准为每头能繁母牛10元；羊良种补贴标准为每只种公羊800元；牦牛种公牛补贴标准为每头种公牛2 000元。奶牛良种补贴标准为荷斯坦牛、娟姗牛、奶水牛每头能繁母牛30元，其他品种每头能繁母牛20元，并开展优质荷斯坦种用胚胎引进补贴试点，每枚补贴标准5 000元。2018年国家继续实施畜牧良种补贴政策。

### （三）种养业废弃物资源化利用支持政策

中央1号文件明确提出继续实施种养业废弃物资源化利用。一是支持种植业废弃物资源化利用。农业部联合国家发展改革委、财政部在甘肃、新疆等10个省（区）和新疆生产建设兵团的229个县（区、团场）累计投资9.01亿元，实施以废旧地膜回收利用为主的农业清洁生产示范项目，新增残膜加工能力18.63万吨，新增回收地膜面积6 309.9万亩（15亩=1hm$^2$。全书同）。二是支持养殖业废弃物资源化利用。

资金主要用于对畜禽粪便综合处理利用的主体工程、设备（不包括配套管网及附属设施）及其运行进行补助。通过项目实施。探索形成能够推广的畜禽粪便等农业农村废弃物综合利用的技术路线和商业化运作模式。中央财政安排1.4亿元，继续实施农业综合开发秸秆养畜项目。带动全国秸秆饲料化利用2.2亿吨。2019年，上述项目在调整完善后将继续实施。

（四）农产品产地初加工补助政策

中央财政安排资金9亿元用于实施农产品产地初加工补助政策。补助政策将进一步突出扶持重点，向优势产区、新型农业经营主体、老少边穷地区倾斜。强化集中连片建设，实施县原则上调整数量不超过上年的30%。提高补贴上限，每个专业合作社补助贮藏设施总库容不超过800吨（数量不超过5座），每个家庭农场补助贮藏设施总库容不超过400吨（数量不超过2座）。

（五）政府购买农业公益性服务机制创新试点政策

按照县域试点、省级统筹、行业指导、稳步推进的思路，选择部分具备条件的地区，针对公益性较强、覆盖面广、农民急需、收益相对较低的农业生产性服务关键领域和关键环节，以统防统治、农机作业、粮食烘干、集中育秧、统一供种、动物防疫、畜禽粪便及废弃物处理等普惠性服务为重点，围绕购买服务内容、承接服务主体资质、购买服务程序、服务绩效评价和监督管理机制等，引入市场机制，开展试点试验，创新农业公益性服务供给机制和实现方式，着力构建多层次、多形式、多元化的服务供给体系，提升社会化服务的整体水平和效率。在深入总结第一批试点经验的基础上，启动实施第二批试点，完善工作机制，加强指导服务，进一步探索实践，为推动在全国面上实施政府购买农业公益性服务积累经验。

（六）扶持家庭农场发展政策

国家有关部门将采取一系列措施引导支持家庭农场健康稳定发展，主要包括：建立农业部门认定家庭农场名录，探索开展新型农业经营主体生产经营信息直连直报。继续开展家庭农场全面统计和典型监测工作。鼓励开展各级示范家庭农场创建，推动落实涉农建设项目、财政补贴、税收优惠、信贷支持、抵押担保、农业保险、设施用地等相关政策。加大对家庭农场经营者的培训力度，鼓励中高等学校特别是农业职业院校毕业生、新型农民和农村实用人才、务工经商返乡人员等兴办家庭农场。

（七）扶持农民合作社发展政策

国家鼓励发展专业合作、股份合作等多种形式的农民合作社，加强农民合作社示范社建设，支持合作社发展农产品加工流通和直供直销，积极扶持农民发展休闲旅游业合作社。扩大在农民合作社内部开展信用合作试点的范围，建立风险防范化解机制，落实地方政府监管责任。

（八）扶持农业产业化发展政策

中央1号文件明确提出完善农业产业链与农民的利益联结机制，促进农业产加销紧密衔接、农村一、二、三产业深度融合，推进农业产业链整合和价值链提升，让农民共享产业融合发展的增值收益。国家有关部委将支持农业产业化龙头企业建设稳定的原料生产基地、为农户提供贷款担保和资助订单农户参加农业保险。深入开展土地经营权入股发展农业产业化经营试点，引导农户自愿以土地经营权等入股龙头企业和农民合作社，采取“保底收益+按股分红”等方式，让农民以股东身份参与企业经营、分享二、三产业增值收益。加快一村一品专业示范村镇建设，支持示范村镇培育优势品牌，提升产品附加值和市场竞争力，推进产业提档升级。

（九）新型农业经营主体新增补贴

1. 种地保险赔偿费用补贴

这种补贴为了让种粮大户摆脱看天吃饭的问题。如果因为天气原因、自然灾害甚至重大虫病灾害等原因导致遭受损失，农业种植大户、家庭农场或者农民合作社等新型主体，就可以申领最多2万元的补贴。

2. 自愿让出土地费用补贴

土地流转能够提升农业的活力，让荒地或者是使用不当的土地更好发挥作用。但从传统上讲，咱们农民对土地都是非常看重的。为了鼓励流转，推广适度规模化经营，对于自愿流转自家土地的农民朋友，国家也会有一定的补贴。

3. 牲畜养殖垃圾处理补贴

养殖业具有很大的发展潜力，但如果经营方式粗放，就会产生各种粪便垃圾，不但污染环境，还可能带来一系列的卫生安全隐患。其实牲畜养殖垃圾的处理方式很多，例如，沼气池等。但是建设这些设施，肯定都需要大量资金。因此，国家计划下发20亿元来支持养殖场的建设，目前已经开始试点。

4. 有机化肥使用补贴

随着绿色农业发展理念的推广，越来越多的农民朋友开始考虑使用有机肥，在特定的范围和农作物品种当中，国家会对有机化肥提供补贴，不仅是降低成本，同时，也是帮助推广有机化肥。

# 第四章　树立乡村绿色生态发展意识

## 一、农产品质量安全意识

农产品质量事关人民身体健康和生命安全，事关政府形象和社会稳定。在市场经济条件下，各种消费品种类繁多，因而质量便成为特定产品和服务是否具有生命力的核心因素。农民不论是生产农产品，还是从事其他行业的工作，都必须追求质量，唯有如此才能赢得顾客，获得持续增收的机会。

农产品安全来自于食物安全。食物安全是指在任何时候人人都可以获得安全营养的食物来维持健康能动的生活。农产品质量安全的含义为：食物应当无毒无害，不能对人体造成任何危害，也就是说食物必须保证不致人患病、慢性疾病或者潜在危害。

### （一）农产品范围及其质量安全内涵

农产品范围直接关系到各部门管理职责的定位和管理范围的确定，是一个事关农产品质量安全管到什么程度，管到什么环节的问题。总体上看，对农产品的定义目前是多种多样，说法不一。国内如此，国际也尚无统一定论。按照国际公认和国内普遍认可的观点，农产品是指动物、植物、微生物产品及其初加工品，包括食用和非食用两个方面。但在农产品质量安全管理方面，大家常说的农产品，多指食用农产品，包括鲜活农产品及其直接加工品。

农产品质量安全，通常有 3 种认识：一是把质量安全作为一个词组，是农产品安全、优质、营养要素的综合，这个概念被现行的国家标准和行业标准所采纳，但与国际通行说法不一致。二是指质量中的安全因素，从广义上讲，质量应当包含安全，之所以称为质量安全，是要在质量的诸因子中突出安全因素，引起人们的关注和重视。这种说法符合目前的工作实际和工作重点。三是指质量和安全的组合，质量是指农产品的外观和内在品质，即农产品的使用价值、商品性能，如营养成分、色香味和口感、加工特性以及包装标识；安全是指农产品的危害因素，如农药残留、兽药残留、重金属污染等对人和动植物以及环境存在的危害与潜在危害。这种说法符合国际通行原则，也是将来管理分类的方向。从3种定义的分析可以看出，农产品质量安全概念是在不断发展变化的，应当说在不同的时期和不同的发展阶段对农产品的质量安全有各自的理解。目的是抓住主要矛盾，解决各个时期和各个阶段面临的突出问题。从发展趋势看，大多是先笼统地抓质量安全，启用第一种概念；进而突出安全，推崇第二种概念；最后在安全问题解决的基础上重点是提高品质，抓好质量，也就是推广第三种概念。总体上讲，生产出既安全又优质的农产品，既是农业生产的根本目的，也是农产品市场消费的基本要求，更是农产品市场竞争的内涵和载体。

（二）农产品质量安全“三品一标”

无公害农产品、绿色食品、有机农产品和农产品地理标志统称“三品一标”。“三品一标”是政府主导的安全优质农产品公共品牌，是当前和今后一个时期农产品生产消费的主导产品。纵观“三品一标”发展历程，虽有其各自产生的背景和发展基础，但都是农业发展进入新阶段的战略选择，是传统农业向现代农业转变的重要标志。

1. 无公害农产品

无公害农产品是指产地环境、生产过程、产品质量符合国家有关和规范要求，经认证合格获得认证证书并允许使用无公害农产品标准标志的直接用作食品的农产品或初加工的农产品。无公害农产品不对人的身体健康造成任何危害，是对农产品的最起码要求，所以，无公害食品是指无污染、无毒害、安全的食品。2001 年农业部提出“无公害食品行动计划”，并制定了相关国家标准，如《无公害农产品产地环境》《无公害产品安全要求》和具体到每种产品如黄瓜、小麦、水稻等的生产标准。目前我国无公害农产品认证依据的标准是中华人民共和国农业部颁发的农业行业标准（NY5000 系列标准）（图 4-1）。

**图 4-1　无公害农产品标志**

2. 绿色食品

绿色食品是指产自优良环境，按照规定的技术规范生产，实行全程质量控制，无污染、安全、优质并使用专用标志的食用农产品及加工品。农业部发布的推荐性农业行业标准（NY/T），是绿色食品生产企业必须遵照执行的标准。它以国际食品法典委员会（CAC）标准为基础，参照发达国家标准制定，总体达到国际先进水平（图 4-2）。

**图 4–2　绿色食品标志**

绿色食品标准分为 2 个技术等级，即 AA 级绿色食品标准和 A 级绿色食品标准。

AA 级绿色食品标准，要求生产地的环境质量符合《绿色食品产地环境质量标准》，生产过程中不使用化学合成的农药、肥料、食品添加剂、饲料添加剂、兽药及有害于环境和人体健康的生产资料，而是通过使用有机肥、种植绿肥、作物轮作、生物或物理方法等技术，培肥土壤、控制病虫草害、保护或提高产品品质，从而保证产品质量符合绿色食品产品标准要求。

A 级绿色食品标准，要求生产地的环境质量符合《绿色食品产地环境质量标准》，生产过程中严格按绿色食品生产资料使用准则和生产操作规程要求，限量使用限定的化学合成生产资料，并积极采用生物学技术和物理方法，保证产品质量符合绿色食品产品标准要求。

3. 有机食品

有机食品是指来自于有机农业生产体系。有机农业：有机农业的概念于20世纪20年代首次在法国和瑞士提出。从80年代起，随着一些国际和国家有机标准的制定，一些发达国家才开始重视有机农业，并鼓励农民从常规农业生产向有机农业生产转换，这时有机农业的概念才开始被广泛接受。尽管有机农业有众多定义，但其内涵是统一的。有机农业是一种完全不用人工合成的肥料、农药、生长调节剂和家畜饲料添加剂的农业生产体系。有机农业的发展可以帮助解决现代农业带来的一系列问题，如严重的土壤侵蚀和土地质量下降，农药和化肥大量使用给环境造砀污染和能源的消耗，物种多样性的减少，等等；还有助于提高农民收入，发展农村经济。据美国的研究报道有机农业成本比常规农业减少40%，而有机农产品的价格比普通食品要高20%～50%。同时，有机农业的发展有助于提高农民的就业率，有机农业是一种劳动密集型的农业，需要较多的劳动力。另外，有机农业的发展可以更多地向社会提供纯天然无污染的有机食品，满足人们的需要。

有机食品是目前国标上对无污染天然食品比较统一的提法。有机食品通常来自于有机农业生产体系，根据国际有机农业生产要求和相应的标准生产加工的，通过独立的有机食品认证机构认证的一切农副产品，包括粮食、蔬菜、水果、奶制品、畜禽产品、蜂蜜、水产品等。随着人们环境意识的逐步提高，有机食品所涵盖的范围逐渐扩大，它还包括纺织品、皮革、化妆品、家具等。

有机食品需要符合以下标准。

（1）原料来自于有机农业生产体系或野生天然产品；

（2）产品在整个生产加工过程中必须严格遵守有机食品的加工、包装、贮藏、运输要求；

（3）生产者在有机食品的生产、流通过程中有完善的追踪体系和完整的生产、销售的档案；

（4）必须通过独立的有机食品认证机构的认证（图 4-3）。

有机食品
ORGANIC FOOD

**图 4-3　有机食品标志**

有机食品与其他食品的显著差别在于，有机食品的生产和加工过程中严格禁止使用农药、化肥、激素等人工合成物质，而一般食品的生产加工则允许有限制地使用这些物质。同时，有机食品还有其基本的质量要求：原料产地无任何污染，生产过程中不使用任何化学合成的农药、肥料、除草剂和生长素等，加工过程中不使用任何化学合成的食品防腐剂、添加剂、人工色素和用有机溶剂提取等，贮藏、运输过程中不能受有害化学物质污染，必须符合国家食品卫生法的要求和食品行业质量标准。

有机食品在不同的语言中有不同的名称，国外最普遍的叫法是 ORGACIC FOOD 在其他语种中也有称生态食品、自然食品等。联合国粮农和世界卫生组织（FAO/WHO）的食品法典委员会（CODEX）将这类称谓各异但内涵实质基本相同的食品统称为

“ORGANIC FOOD”，中文译为“有机食品”。

4. 无公害农产品、绿色食品、有机食品、主要异同点比较

我国是幅员辽阔，经济发展不平衡的农业大国，在全面建设小康社会的新阶段，健全农产品质量安全管理体系，提高农产品质量安全水平，增加农产品国际竞争力，是农业和农村经济发展的一个中心任务。为此，经国务院批准农业部确立了“无公害食品、绿色食品、有机食品三位一体，整体推进”的发展战略。因此有机食品、绿色食品、无公害食品都是农产品质量安全工作的有机组成部分。无公害农产品发展始于本世纪初，是在适应入世和保障公众食品安全的大背景下推出的，农业部为此在全国启动实施了“无公害食品行动计划”；绿色食品产生于20世纪90年代初期，是在发展高产优质高效农业大背景下推动起来的；而有机食品又是国际有机农业宣传和辐射带动的结果。农产品地理标志则是借鉴欧洲发达国家的经验，为推进地域特色优势农产品产业发展的重要措施。有机食品、绿色食品、无公害农产品主要异同点比较，如下表所示。

**表　无公害农产品、绿色食品、有机食品主要异同点比较**

| | 无公害农产品 | 绿色食品 | 有机食品 |
|---|---|---|---|
| 相同点 | 1. 都是以食品质量安全为基本目标，强调食品生产“从土地到餐桌”的全程控制，都属于安全农产品范畴<br>2. 都有明确的概念界定和产地环境标准，生产技术标准以及产品质量标准和包装、标签、运输贮藏标准<br>3. 都必须经过权威机构认证并实行标志管理。 | | |
| 投入物方面 | 严格按规定使用农业投入品，禁止使用国家禁用、淘汰的农业投入品 | 允许使用限定的化学合成生产资料，对使用数量、使用次数有一定限制 | 不用人工合成的化肥、农药、生长调节剂和饲料添加剂 |
| 基因工程方面 | 无限制 | 不准使用转基因技术 | 禁止使用转基因种子、种苗及一切基因工程技术和产品 |

（续表）

| | 无公害农产品 | 绿色食品 | 有机食品 |
|---|---|---|---|
| 生产体系方面 | 与常规农业生产体系基本相同，也没有转换期的要求 | 可以延用常规农业生产体系，没有转换期的要求 | 要求建立有机农业生产技术支撑体系，并且从常规农业到有机农业通常需要2~3年的转换期 |
| 品质口味 | 口味、营养成分与常规食品基本无差别 | 口味、营养成分稍好于常规食品 | 大多数有机食品口味好、营养成分全面、干物质含量高 |
| 有害物质残留 | 农药等有害物质允许残留量与常规食品国家标准要求基本相同，但更强调安全指标 | 大多数有害物质允许残留量与常规食品国家标准要求基本相同，但有部分指标严于常规食品国家标准，如绿色食品黄瓜标准要求敌敌畏≤0.1mg/kg，常规黄瓜国家标准要求敌敌畏≤0.2mg/kg | 无化学农药残留（低于仪器的检出限）。实际上外环境的影响不可避免，如果有机食品中农药的残留量比常规食品国家标准允许含量低20倍以上，可视为符合有机食品标准 |
| 认证方面 | 省级农业行政主管部门负责组织实施本辖区内无公害农产品产地的认定工作，属于政府行为，将来有可能成为强制性认证 | 属于自愿性认证，只有中国绿色食品发展中心一家认证机构 | 属于自愿性认证，有多家认证机构（需经国家认监委批准），国家环保总局为行业主管部门 |
| 证书有效期 | 3年 | 3年 | 1年 |

5. 农产品地理标志

农产品地理标志是指标示农产品来源于特定地域，产品品质和相关特征主要取决于自然生态环境和历史人文因素，并以地域名称冠名的特有农产品标志。2007年12月农业部发布了《农产品地理标志管理办法》，农业部负责全国农产品地理标志的登记工作，农业部农产品质量安全中心负责农产品地理标志登记的审查和专家评审工作。

### （三）农产品质量安全总体要求

#### 1. 产地环境管理要求

农产品产地环境对农产品质量安全具有直接、重大的影响。近年来，因为农产品产地的土壤、大气、水体被污染而严重影响农产品质量安全的问题时有发生。抓好农产品产地管理，是保障农产品质量安全的前提。农产品质量安全法规定，县级以上政府应当加强农产品产地管理，改善农产品生产条件。禁止违反法律、法规的规定向农产品产地排放或者倾倒废水、废气、固体废物或者其他有毒有害物质；禁止在有毒有害物质超过规定标准的区域生产、捕捞、采集农产品和建立农产品生产基地。县级以上地方政府农业主管部门按照保障农产品质量安全的要求，根据农产品品种特性和生产区域大气、土壤、水体中有毒有害物质状况等因素，认为不适宜特定农产品生产的，应当提出禁止生产的区域，报本级政府批准后公布执行。

#### 2. 农业投入品管理要求

要按照《农药管理条例》《兽药管理条例》《饲料及饲料添加剂管理条例》《中华人民共和国种子法》等法律法规，健全农业投入品市场准入制度，引导农业投入品的结构调整与优化，逐步淘汰高残毒农业投入品，发展高效低残毒产品。要建立农业投入品监测、禁用、限用制度，加强对农业投入品的市场监管，严厉打击制售和使用假冒伪劣农业投入品的行为。重点是加强对甲胺磷、对硫磷、甲基对硫磷、久效磷和磷胺 5 种高毒有机磷农药禁止销售和使用的工作。

#### 3. 标准化生产要求

农业标准化是指运用“统一、简化、协调、优选”的原则，对农业生产产前、产中、产后全过程，通过制定标准和实施标准，促进先进的农业科技成果和经验较快地得到推广应用。按标准组织生产是规范生产经营行为的重要措施，是工业化理念指导农业的重要手段，是确保农产品质量安全的根本之策。农业标准化生产基地是指基地环境符合有关标准要求，在生产过程中严格按现行标准进行标准化管理的农业生产基地。标准化基地是标准化建设的重要内容，是在农业生产环节实践农业标准的主要手段，也是从源头解决农产品质量安全问题的重要措施。具体要求有：农产品生产者应当按照法律、行政法规和国务院农业行政主管部门的规定，合理使用农业投入品，严格执行农业投入品使用安全间隔期或者休药期的规定；农产品生产企业、农民专业合作经济组织应当建立农产品生产记录，禁止伪造农产品生产记录。

4. 农产品包装和标识要求

农产品质量安全法对农产品的包装和标识要求逐步建立农产品的包装和标识制度，对于方便消费者识别农产品质量安全状况，对于逐步建立农产品质量安全追溯制度，都具有重要作用。农产品质量安全法对于农产品包装和标识的规定主要包括：一是对国务院农业主管部门规定在销售时应当包装和附加标识的农产品，农产品生产企业、农民专业合作经济组织以及从事农产品收购的单位或者个人，应当按照规定包装或者附加标识后方可销售；属于农业转基因生物的农产品，应当按照农业转基因生物安全管理的规定进行标识。依法需要实施检疫的动植物及其产品，应当附具检疫合格的标志、证明。二是农产品在包装、保鲜、贮存、运输中使用的保鲜剂、防腐剂和添加剂等材料，应当符合国家有关强制性的技术规范。三是销售的农产品符合农产品质量安全标准的，生产者可以申请使用无公害农产品标识；农产品质量符合国家规定的有关优质农产品标准的，生产者可以申请使用相应的农产品质量标志。

5. 农产品质量安全监督检查制度要求

依法实施对农产品质量安全状况的监督检查，是防止不符合农产品质量安全标准的产品流入市场、进入消费，危害人民群众健康、安全后果的必要措施，是农产品质量安全监管部门必须履行的法定职责。农产品质量安全法规定的农产品质量安全监督检查制度的主要内容如下。

(1) 县级以上政府农业主管部门应当制定并组织实施农产品质量安全监测计划，对生产中或者市场上销售的农产品进行监督抽查，监督抽查结果由省级以上政府农业主管部门予以公告，以保证公众对农产品质量安全状况的知情权。

(2) 监督抽查检测应当委托具有相应的检测条件和能力检测机构承担，并不得向被抽查人收取费用。被抽查人对监督抽查结果有异议的，可以申请复检。

(3) 县级以上农业主管部门可以对生产、销售的农产品进行现场检查，查阅、复制与农产品质量安全有关的记录和其他资料，调查了解有关情况。对经检测不符合农产品质量安全标准的农产品，有权查封、扣押。

(4) 对检查发现的不符合农产品质量安全标准的产品，责令停止销售、进行无害化处理或者予以监督销毁；对责任者依法给予没收违法所得、罚款等行政处罚；对构成犯罪的，由司法机关依法追究刑事责任。

## 二、乡村环境保护意识

### (一) 树立保护环境意识

环境意识是人们对环境和环境保护的一个认识水平和认识程度，又是人们为保护环境而不断调整自身经济活动和社会行为，协调人与环境、人与自然互相关系的实践活动的自觉性。也就是说，环境意识包括 2 个方面的含义，其一是人们对环境的认识水平，即环境价值观念，包含有心理、感受、感知、思维和情感等因素；其二是指人们保护环境行为的自觉程度。

环境保护不仅关系经济社会的可持续发展，更是改善民生、提高生活质量的必然要求；不仅是造福当代百姓，更是荫及子孙后代的长远大计。正因为如此，我国把“保护环境，减轻环境污染，遏制生态恶化”作为一项基本国策。

我国环境保护坚持预防为主、防治结合、综合治理，谁污染谁治理、谁开发谁保护，依靠群众等原则。在现代农业发展新时期，必须树立环保意识，改变生产生活方式，大力发展生态农业和绿色经济，以环境保护优化农村经济发展，让山更青，水更绿，天更蓝，环境更静。

（二）加强乡村环境保护的做法

随着工业化、城镇化的推进，乡村在经济得到发展、住房更为宽敞、出行更加方便的同时，也面临废弃物剧增的问题和日益严重的环境污染压力。要积极创造条件，加大乡村工业污染和建筑垃圾整治，实现农村生活污水、生活垃圾集中处理基本覆盖，有效减少种植养殖面源污染，全面推进乡村环境治理。

1. 整治乡村工业污染

在发展过程中，乡村工业“低小散差”的情况是客观存在的。曾经，“黑烟滚滚”“扬尘飞舞”“污水横流”“垃圾遍地”几乎就是乡村加工制造业的代名词。必须下决心整治工业污染，实行“培育一批领跑企业、提升一批较强企业、集聚一批小散企业、消减一批危重企业”的思路和举措，开展工业特色产业集群转型升级，鼓励中小企业集中进入工业园区，加快高耗能、高污染企业关停并转，坚决破除低端制造、传统加工的路径依赖，恢复和保护乡村的绿水青山，实现可持续发展。

2. 减少乡村建筑垃圾

进一步完善小城镇和乡村建设规划，科学确定城乡开发强度，优化村庄和人口空间布局，全面推进乡村生态人居、生态环境建设。大力推行绿色建筑，倡导使用节能、节水新技术、新工艺、新型墙体建材和环保装修材料，开展现有建筑的节能节水节材改造。合理引导农民的建房需求，不搞脱离实际的高楼大院，不搞缺乏特色的过度装修，不搞花样翻新的重复建设。下大决心拆除小城镇和乡村违法建筑，大力推进旧住宅区、“城中村”、旧厂区改造提升，有效整治城乡环境“脏乱差”现象，打造干净整洁、生态宜居、充满活力的风情小镇和美丽乡村。

3. 防控农业种养污染

为了提高土地产出率，增加农业的产量，我们在较长时间里采用一年多熟的种植方式，大量地使用化肥和农药等投入品，超出了土地的承载能力，造成种植业污染加剧。养殖业同样如此。因此，要持续推进化肥农药减量增效行动，提高农业投入品效用，加大农田残膜和肥药废弃包装物回收处理的力度，减少农业投入品带来的污染。调整优化畜牧业布局，严格执行禁养、限养制度，对规模化养殖场进行标准化改造。全面禁止秸秆焚烧，减少农村废气污染。推行循环水养殖，减少尾水排放，深化水产养殖污染治理。大力倡导和鼓励发展种养结合、农牧结合的生产方式，促进农业废弃物的资源化循环化利用。要树立“放对了地方是资源、放错了地方是污染”的理念，鼓励和支持不同形式的农业生产经营主体加强对接互通，拓宽资源化利用的渠道，提高实际使用效率。

4. 清理乡村生活污染

全面加强城镇和村庄污水处理能力和配套管网建设，提高污水处理率和达标排放率。对城镇周边和平原人口密集的乡村，实行就地纳管处理；广大农村则可采取生物滤池、微动力“厌氧+人工湿地”、一体化净化设施等方式处理生活污水。建立和完善污水处理设施第三方运行机制，全力提升乡村生活污水截污纳管和运维管理水平。培养村民的垃圾分类习惯，采取可行的分类方式，推进农村垃圾分类和综合利用，实现“户装、村收、镇运、县处理”全覆盖。以中心村为重点，扩大农村垃圾分类减量化试点，着力拓展成果，实现生活垃圾分类收集、定点投放、分拣清运、回收利用。加深对乡村污泥从产生、运输、储存到处置的全过程监管，提高污泥无害化处置率。强化“门前三包”、分区包干、定责定酬、考核兑现，建立健全村庄环境卫生的长效管理保洁机制。

## 三、乡村资源保护意识

### （一）保护耕地资源

保护耕地资源，是指与合理利用土地保持足够的耕地的同时，要保护提高耕地的质量，改良土壤，培育地力，提高其生产能力，达到旱涝保收、高产稳产的要求。要强化土地整治的全过程管理。对新补充耕地项目的立项、设计、实施、验收、报备，有一整套严格的程序和规定，以确保垦造项目新增耕地数量真实、质量符合要求。严格执行先评定耕地质量等级再验收制度和抽查复核制度，以确保耕地建设质量。项目验收合格后必须落实后续管护，期限不得少于 3 年。注重生态环境保护，防治水土流失，切实加强涉林垦造耕地监管，严禁以毁林毁山、破坏生态为代价垦造耕地。

要严格耕地质量评定。规定耕地提质改造项目的建设条件、程序和标准，从耕作、防渗、灌溉、排水等方面对水田的认定提出具体的技术指标和参数，牢牢把控工程质量。许多农田的表土肥力足、耕种条件好，理当十分珍惜。要认真实施建设占用耕地耕作层土剥离和再利用，剥离后的土壤主要用于土地整治改良、耕地质量提升和高标准农田建设等。要针对耕作层土壤养分、肥力、环境质量等指标，通过实测进行科学评价，确定建设占用耕地耕作层是否需要剥离以及剥离的厚度。

要健全耕地保护补偿机制。因产业结构调整而发展设施农业的耕地、非农建设占用的耕地、常年抛荒的耕地以及新垦造达不到耕种条件的耕地，均不纳入补偿范围。补偿资金由村集体经济组织和农民共享，对农民的补贴直接发放到农户；对农村集体经济组织的以奖代补资金主要用于农田基础设施修缮、地力培育、耕地保护管理等，在确保完成耕地保护任务的前提下，也可用于发展农村公益事业、建设农村公共服务设施等。

与此同时，还应采用土地适当轮作休耕、加大对被污染土壤的修治力度等方法，切实保障耕地质量，不断提升耕种能级。

（二）保护水资源

水是自然环境中一个不可缺少的重要因素，是人类生活不能离开的资源。水资源，是指地表水和地下水。水资源的合理利用对于改善生态环境、促进经济持续稳定发展有着十分重要的作用。加强农村水资源管理、推进农村水资源可持续利用是我国乡村振兴的基础保障之一。

1. 加强水资源保护

通过广播、电视、报刊、互联网、宣传栏、节水课堂、知识竞赛等多种宣传形式，深入开展节约和保护水资源相关法律、法规宣传，使广大干部群众了解水资源缺乏的严重性、水资源保护的重要性和开展节约用水的必要性，增强水资源的忧患意识，树立起节约用水的观念，并自觉地落实到实际行动中去。要改变“先污染后治理”的现状，确立水资源保护的整体观念和全局意识。农村水资源管理中监督乏力、水资源信息不对等、公众参与度不高等问题长期存在，这也是水事纠纷不断、水行政管理成本居高不下的重要原因。必须广开言路、积极推进民主治水，这不仅能增强公众的水资源忧患意识，及时化解各类水事纠纷，而且能促进水行政管理决策的科学化、民主化。

2. 提高水资源利用的效率

发展高效节水农业。引进先进的节水灌溉技术，倡导按需配水的灌溉制度，降低农业用水比例。改变大水漫灌方式，积极发展喷、微灌技术，加强渠道防渗，减少输水过程的漏水损失，提高水资源利用率。引导农民调整种植结构，减少耗水作物的种植，增加节水作物的面积。实行超计划累进加价制度，利用经济杠杆调控水资源使用，以经济手段促进节水工作。

利用降水资源。在水资源一定的情况下，自然界的雨水是水资源的唯一补给。对自然降水径流进行干预，通过一定的工程措施增加拦蓄入渗（如梯田）或减少蒸发（如覆盖）来利用雨水，或通过一定的汇流面将雨水汇集蓄存，在作物需水关键期进行补灌。在干旱缺水的丘陵山区，选择有一定产流能力的坡面、路面、屋顶，或经过夯实防渗处理的地方，作为雨水汇集区，将雨水引入位置较低的水窖内储存，经过净化处理，供农村人、畜饮水和农作物灌溉用水。

加强水利工程修复及建设。把重点放在农村现有水利工程建筑物的维修、改造及提高上，搞好工程配套，大力挖掘现有工程的潜力，充分发挥现有工程效益，实行国家、地方、集体、个人多层次、多渠道筹措资金，加大工程投入，增加调控能力。充分利用当地的水资源，因地制宜扩建增建水库、塘坝、蓄水池等地表拦蓄工程，最大限度地增加蓄水量，以便用于饮用、灌溉和发电等。

3. 加强水域、水工程的保护

水域、水工程保护是指保护航道、堤防、护岸和水工程等设施；保护地下水资源，防止地面沉降；禁止围湖造田，禁止围垦河流等。水域，包括江、河、湖、海、水库等一切水面。

法律规定：在江河、湖泊、水库、渠道内，不得弃置、堆放阻碍行洪、航运的物体，不得种植阻碍行洪的林木和高秆作物。在航道内不得弃置沉船，不得设置碍航渔具，不得种植水生植物。禁止围湖造田，禁止围垦河流，湖泊具有抗旱、防洪、调节气候和繁殖水生生物等作用。盲目围垦湖泊，将影响渔业生产及农林牧副业的全面发展。确需围垦的，应依法申请批准。

（三）合理利用森林资源

1. 森林资源

森林资源是指包括林地以及林区内野生的植物和动物。森林，包括竹林。林木包括树木、竹子。林地，包括郁闭度 0.3 以上的乔木林地，疏林地，灌木林地，采伐迹地，火烧迹地，苗圃地和国家规划的宜林地。森林作为资源来利用，就成为社会主义经济建设的重要组成部分。森林不仅生产木材和其他林产品，而且能调节气候，保持水土、防风固沙和防止大气污染，它是人类可持续利用可更新的资源。

2. 森林保护

严禁毁林开垦、乱砍滥伐。

毁林开垦、乱砍滥伐的后果是水土流失、沙漠化、生态环境被破坏，对人类的危害是很严重的，其损失是难以弥补的。森林法规定，禁止毁林开垦和毁林采石、采沙、采土以及其他毁林行为。禁止在幼林地和特种用途林内砍柴、放牧。进入森林和森林边缘地区的人员，不得擅自移动或者损坏为林业服务的标志。为此，还规定了严厉的法律制裁措施。违法进行开垦、采石、采沙、采土、采种、采脂、砍柴和其他活动，致使森林、林木受到毁坏的，由林业主管部门责令赔偿损失，补种毁坏株数 1~3 倍的树木。滥伐森林或者其他林木，情节轻微的，由林业主管部门责令补种滥伐株数 5 倍的树木，并处以违法所得 2~5 倍的罚款。情节严重的，可追究刑事责任，给以刑法制裁。

《中华人民共和国森林法》（以下简称《森林法》）具体规定了对森林实行限额采伐，鼓励植树造林，建立林业基金制度等多项措施，对森林进行保护。

3. 植树造林

《中华人民共和国宪法》规定，国家组织和鼓励植树造林，保护林木。《森林法》规定，植树造林、保护森林，是公民应尽的义务。

（1）营造防护林。防护林是以防护为主要目的的森林、林木和灌木丛。包括水源涵养林、水土保持林、防风固沙林、农田防护林、基本草牧场防护林、护岸林、护路林。

（2）建立用材林、经济林基地。用材林是以生产木材（竹林）为主的森林和林木。经济林是以生产果品、食用油料、饮料、药材和工业原料为主的林木。各地要因地制宜，适地适树地选用优良树种。

（3）植树造林。《森林法》规定，各级人民政府应当组织全民义务植树，开展植树造林活动，每年的 3 月 12 日是植树节。年满 11 岁的中华人民共和国公民，除老弱病残者外，因地制宜，每人每年义务植树 3~5 株，或者完成相应劳动量的育苗，管护和其他绿化任务。

（四）保护矿产资源

1. 矿产资源定义

矿产资源，是指可以用于生产和生活在地壳中或地表某处聚集起来的具有开采价值的矿物。它是人类赖以生存和发展的重要物质基础，又是人类可以利用但又不可再生的自然资源。

矿产资源：包括呈固、液、气体状态的各种金属矿产、非金属矿产、燃料矿产、地下热能等。我国的矿产资源非常丰富，是世界上矿产种类比较齐全的国家之一，已探明储量的矿种有 136 种。必须合理利用、有效保护，做到合理开发，充分利用。

2. 合理开发利用

《中华人民共和国矿产资源法》不但规定了国家保障矿产资源的合理开发利用，禁止任何组织或者个人用任何手段侵占或者破坏矿产资源。而且也授权各级人民政府必须加强矿产资源的保护工作。进而从矿产资源的勘查开始，提出了具体要求，对矿产资源的勘查、开发实行统一规划、合理布局、综合勘查、合理开采和综合利用的方针。

禁止乱挖滥采，破坏矿产资源。乱挖滥采之后，矿产资源不可能复原。

3. 防止恶化环境

它是指在矿产资源的勘查、开发利用工作中使环境质量恶化的情况必须防止。耕地、草原、林地因采矿受到破坏的，矿山企业应当因地制宜地采取复垦利用、植树种草或者其他利用措施。

4. 防止污染环境

它是指在开采矿产资源时不得污染环境。为此，矿产资源法作了原则性规定，开采矿产资源，必须遵守有关环境保护的法律规定，防止污染环境。

## 四、农村产业化融合意识

把握城乡发展格局发生重要变化的机遇，培育农业农村新产业新业态，打造农村产业融合发展新载体新模式，推动要素跨界配置和产业有机融合，让农村一、二、三产业在融合发展中同步升级、同步增值、同步受益。

### （一）农村产业融合的内涵

农村产业融合有狭义和广义之分。狭义来说，农村产业融合就是同一农业经营主体在从事农业生产的同时，在同一区域从事同一农产品加工流通和休闲旅游，进而分享农业增值增效收益的经营方式。广义来说，农村产业融合就是各类经营主体以农业为基本依托，以农产品加工业为引领，以资产为纽带，以创新为动力，通过产业间相互渗透、交叉重组、前后联动、要素聚集、机制完善和跨界配置，将农村一、二、三产业有机整合、紧密相连、一体推进，形成新技术、新业态、新商业模式，带动资源、要素、技术、市场需求在农村的整合集成和优化重组，最终实现产业链条和价值链条延伸、产业范围扩大、产业功能拓展和农民就业增收渠道增加的经营方式。其基础是农业，核心是充分开发农业的多种功能和多重价值，将农业流出到工商业和城市的就业岗位和附加价值内部化，将加工流通、休闲观光和消费环节的收益留在本地、留给农民。

（二）农村产业融合发展的必然性

1. 农村产业融合发展是农业信息化的必然结果

农业信息化是指在农业生产、流通、消费以及农村经济、社会等各个领域广泛应用现代信息技术及管理手段，实现农业和农村经济发展的科学化、智能化过程。从应用的信息技术看，主要包括计算机技术、微电子技术、通信技术、光电技术、遥感技术等多种信息技术；从应用的经济环节看，具体包括生产管理信息化、经营管理信息化、农技推广信息化、市场流通信息化、资源环境信息化和农村生活信息化。农业信息化的发展，必然促成农业与信息产业融合。农业信息化，不仅体现在现代信息技术向农业领域的全面渗透，进而建立起农业和信息产业共同的技术基础，更为重要的是，产品、业务和市场融合，使得信息农业日渐成为现代农业发展的潮流。

2. 农村产业融合发展是顺应国内外产业发展的新趋势

从国际看，产业融合已日益成为世界范围内产业经济发展不可阻挡的潮流，特别是随着信息技术的快速革新，建立在科技发展并不断融合基础之上的新型产业革命已风起云涌，正在带动社会经济系统日益广泛、剧烈而深刻的变化。不同产业或同一产业内不同行业之间相互交叉、相互渗透、相互融合的步伐不断加快，产业边界为了适应增长而日渐模糊或消失，全世界已几乎找不到任何一个产业在不与其他产业融合的情况下能够实现快速发展。

从国内看，在新常态新要求下，我同的产业结构正在进行深度优化调整，产业发展与国际接轨、跨行业跨领域融合发展的步伐空前加快。一些企业以互联网技术融合应用为突出代表实现快速崛起，吸引了国人乃至世界的目光。当前，在产业融合理念的先导性作用下，“互联网+”“创客”“众筹”等新概念迭出，其背后如影随形的无不是一个又一个崭新的产业形态和巨大而活跃的产业发展空间。具体到第一产业而言，近年来我国农业虽然与第二、第三产业的融合步伐有所加快，但总体上仍处在起步阶段，由于产业融合度不够，不仅在生产环节竞争力严重不足，而且在加工环节也面临着巨大的挑战。例如，在食用油加工领域，以打通全产业链作为最大经营之道的新加坡食用油加工企业益海嘉里，进军我国后已连续多年占据国内小包装食用油市场40%左右的份额，大豆压榨能力占国内产能之首，并且在国内调和油市场价格上发挥着风向标作用，掌控着很大的话语权。在畜产品加工领域同样存在类似问题。顺应形势、应对挑战，迫切需要推进农业与其他产业融合，通过借势发展增强竞争力。

3. 农村产业融合是农业可持续发展的要求

可持续农业是指以管理和保护自然资源为基础，调整技术和机制变化的方向，以便获得并持续地满足当前和今后世世代代的需要。

农业发展的可持续包括生态可持续、经济可持续、生产可持续和社会可持续4个方面的目标要求。生态可持续性是指要实现农业自然资源的永续利用和生态环境的有效维护；经济可持续性是指提高农业生产经营效益和农业市场竞争力，实现农业自我维持和自我发展；生产可持续性是指提高农业生产效率，保持农业产出水平稳定提高，满足人口增长及生活水平对农产品的需求，确保食物供给安全；社会可持续性是指农业在满足人类基本衣食需求的同时，改善农村社会环境。

产业融合为农业可持续发展提供了重要思路和实践基础。农业可持续发展是经济社会可持续发展的重要组成部分，可持续发展是各个产业发展的共同目标，整合产业资源，进行产业融合，发挥协同效应，是实现农业及各产业可持续以及经济社会可持续发展的根本出路。

以产业融合思路发展现代农业符合中国实际。目前，中国农业发展正面临农业资源短缺和农业生态环境退化的双重压力，耕地、淡水、森林、草地、生物物种等基本农业资源缺乏，水土流失严重、土地沙化快速、盐碱地增加、自然灾害频繁、环境污染严重等生态环境问题十分突出。通过产业融合，发展现代农业，是实现中国农业可持续发展的必然选择。

4. 农村产业融合发展是农业多功能化的需要

传统农业社会，农业为人类提供食品和纤维，是人类的衣食之源、生存之本，功能相对单一。随着工业化的推进、经济社会发展和人们生活水平的提高，包括经济功能在内的社会、生态、文化等农业多重功能逐步显现，体现出现代农业的粮食安全、生态保护、社会稳定等多功能性特征。农业多功能的发挥，客观需要打破产业界限，充分利用工业、服务业和高新技术产业技术成果、经营理念和管理模式，优化农业资源配置，拓展农业产业发展空间，在农业与相关产业交叉、融合发展中充分展现现代农业的多重功能。

（1）保障粮食安全需要相关产业融合发展。现代生物技术革命，提供了粮食增产的技术支持。随着人口不断增长，保障粮食安全的基本思路是提高粮食产量，影响粮食产量的基本因素是耕地面积和亩产水平。在土地刚性供给，耕地资源有限的条件下，提高亩产水平是根本选择。这客观需要培育高产、优质粮种，突破水、土等农业客观条件限制，提高单产、优化品种、改善品质。良种的培育，必须以现代育种技术为条件。现代生物技术革命及技术成果为品种改良提供了技术支撑。现代生物技术是20世纪70年代新技术革命的产物，随着DNA重组实验成功，人类进入了可以控制遗传和生命过程的发展阶段。随后形成了以基因工程、细胞工程、发酵工程、蛋白质工程、酶工程等现代生物技术为主体的综合性技术体系。现代生物技术的快速进步，使人类通过开发农业生物技术，控制农业自然再生产过程，提高农产品产量和品质成为可能。

生物育种技术的应用，培育出了高产、优质、抗逆粮种，保证了粮食增产。生物育种技术是指以“转基因”的方法，把不同植物，甚至动物的优良性状基因转移到所需要的植物中去，实现按人的意志改良作物的愿望。农业是现代生物技术应用最为广泛和最为快速的领域，运用生命科学的技术成果，定向设计具有特定性状的新物种，打破了生物的种、属、科、目、纲以至动物、植物、微生物之间不可交融的限制，使农业可以按照人类的意愿创造出新物种和新品种，实现粮食增产。

（2）保护生态环境需要相关产业融合发展。发挥农业的生态保护功能，客观需要应用生态学、经济学和生态经济学的基本原理，借助于现代科学技术手段和经营管理方法，改变传统农业发展中的“农业生产—废弃物排放”这一资源利用率低、环境污染严重的单向、非可持续性的农业经济发展模式，转向“农业生产—废弃物排放—再利用—再生产”的资源利用率高、环境污染少的双向、可持续性的农业发展模式。

农业内部子产业之间进行整合，发展生态农业，强化了农业的生态环境保护功能。生态农业，是一种依照生态学、经济学和生态经济学的科学原理，运用现代科技成果和科学管理手段，改变传统农业发展模式，提高资源利用率，降低污染排放量，实现经济效益和生态效益有机统一的现代农业发展模式。从产业关联看，生态农业发展模式的本质是农业内部种植业、养殖业和畜牧业等子产业之间的产业融合。不同子产业之间依照生物链系统循环的内在逻辑进行整合，融合形成了现代农业发展的新业态——生态农业。生态农业突出农业生产的系统性和整体性，着重从改进农业产出方式出发，进行农业资源整合、保护生态环境、增强农业发展的可持续性。

（3）保持社会稳定需要相关产业融合发展。提高农业产量、促进农民就业、增加农民收入、建立农村社会保障等是稳定农村社会，发挥农业社会功能的基本要求。中国农业发展的实践表明，传统的仅仅依靠农业内部资源，发展“衣食”农业，农业产业链既短又窄，就业机会、增收空间十分有限，产业封闭发展难以达到上述目标，日益突出的“三农”问题便是例证。在开放的市场经济条件下，走出农业发展困境，必须跳出单一的就农业发展农业的思维局限，拓展农业发展空间。在提高农业产量的同时，增加农民非农产业就业机会、提高农民收入、积累社会保障资金来源。充分利用现代产业发展成果，整合产业资源，在农业与相关产业融合中拓展农业发展空间、提高农业产业竞争力是一种必然选择。

（4）传承农业文明需要相关产业融合发展。农业文化教育、农业文明传承功能的发挥，必须借助一定的产业平台来实现。休闲农业，也称旅游农业、观光农业，是农业文化功能发挥的重要载体。作为服务型产业，休闲农业是随着人们生活水平的提高，最早在城市化水平较高的发达国家形成和发展起来的。

休闲农业是农业与服务业融合发展的产物。休闲农业是指以农业为主题，利用自然环境、农事活动、农村生活等农业自然文化资源，适应人们观光、休闲，增进人们对农业的体验为目的的农业与旅游业相融合的一种新型产业。休闲农业兼有农业与旅游业的双重产业属性，在学术界存在认识上的分歧；以“农”为主的认识强调其农业文化教育、农业文明传承功能，将观光农业看作现代农业发展的高级形式；以“旅”为主的认识强调其旅游观光、休闲娱乐功能，将其看作现代旅游业发展的新形式。2种认识均有一定的合理性，分别是从经济学和旅游学的视角进行分析和解释。从产业融合视角看，休闲农业属于农业与旅游业相互融合发展的必然产物，旅游业与农业原本各自独立的旅游服务资源和农业资源，通过共同的经营管理方式渗透融合为一个产业整体。传统农业中注入了旅游业的经营理念和服务内容，使农业具有了更多的服务属性，农业的产出结果大为改进，不仅生产物质产品，并且提供农业观赏、农事体验、农业教育、农村娱乐等服务产品。农业与旅游业的融合发展，使农业自然资源、生产手段、生产过程、生产成果、农村生活习俗、文化传统等作为一种场景、一种文化，为休闲者提供了在农村休闲娱乐的同时，接受农业文化教育、传播农业知识、传承农业文明的重要平台。

（三）农村产业化融合的模式

1. 农业产业链向后延伸型融合模式

以农业为基础，向农业产后加工、流通、餐饮、旅游等环节延伸，实现农业接二连三，带动农产品多次增值和产业链、价值链升级。多表现为专业大户、家庭农场、农民合作社等本土根植型的新型农业经营主体发展农产品本地化加工、流通、餐饮和旅游等，对农民增收和周边农户参与农村产业融合的示范带动作用较为直接，农民主体地位较易得到体现，与此相关的农村产业融合项目往往比较容易“接地气”，容易带动农户增强参与农村产业融合发展的能力；但推进农村产业融合的理念创新和实际进展往往较慢，产业链、价值链升级面临的制约因素往往较多。农户发展农产品产地初加工、建设产地直销店和农家乐等乡村旅游也属此类。部分农产品加工企业建设农产品市场、发展农产品物流和流通销售；部分农户和新型农业经营主体推进种养加结合、发展循环经济，引发农业产业链、价值链重组，也属农业产业链向后延伸型融合模式。

2. 农业产业链向前延伸型融合模式

依托农产品加工或流通企业，加强标准化农产品原料基地建设；或推进农产品流通企业发展农产品产地加工、农产品标准化种植，借此加强农产品/食品安全治理，强化农产品原料供应的数量、质量保障，增强农产品原料供给的及时性和稳定性。部分超市或大型零售商结合农业产业链向前延伸型融合，培育农产品自有品牌，创新商业模式，发展体验经济，还可以利用其资金和营销网络优势，更好地发现、凝聚、引导甚至激发消费需求，促进农业价值链升级，推动农业发展更好地实现由生产导向向消费导向的转变。农业产业链向前延伸型融合，多以外来型的龙头企业或工商资本为依托，往往有利于创新农村产业融合的理念，更好地对接消费需求，特别是中高端市场和特色、细分市场，促进产业链、价值链升级；也有利于对接资本市场、要素市场和产权市场，吸引资金、技术、人才、文化等创新要素参与农村产业融合，加快农村产业融合的进程。

但在此模式下，容易形成龙头企业、工商资本主导农村产业融合的格局，导致农民日益丧失对农村产业融合的主导权和利益分享权，陷入农村产业融合利益分配的边缘地位。在此模式下，也容易形成农民对农村产业融合参与能力不适应的问题。因此，强化同农户的利益联结机制，增强龙头企业、工商资本对农民增收的带动能力，鼓励其引导农户在参与农村产业融合的过程中增强参与农村产业融合的能力，都是极其重要的。日本政府在推进农村“六次产业化”的过程中，更多地鼓励农业后向延伸，内生发育出农产品加工、流通业和休闲农业、乡村旅游，防止工商资本通过前向整合兼并、吞噬农业，防止农民对工商资本形成依附关系，这是一个重要原因。

3. 集聚集群型融合模式

依托农业产业化集群、现代农业园区或农产品加工、流通、服务企业集聚区，以农业产业化龙头企业或农业产业链核心企业为主导，以优势、特色农产品种养（示范）基地（产业带）为支撑，形成农业与农村第二产业、第三产业高度分工、空间叠合、网络链接、有机融合的发展格局，往往集约化程度高、经济效益好、对区域性农产品原料基地建设和农民群体性增收的辐射带动作用较为显著。

4. 农业农村功能拓展型融合模式

通过发展休闲农业和乡村旅游等途径，激活农业农村的生活和生态功能，丰富农业农村的环保、科技、教育、文化、体验等内涵，转型提升农业的生产功能，通过创新农业或农产品供给，增强农业适应需求、引导需求、创造需求的能力，拓展农业的增值空间；甚至用经营文化、经营社区的理念，打造乡村旅游景点，培育特色化、个性化、体验化、品牌化或高端化的休闲农业和乡村旅游品牌，促进农业农村创新供给与城镇化新增需求有效对接。近年来，许多地方蓬勃发展的特色小镇和农家乐旅游当属此种模式。如浙江省部分村镇综合开发利用自然生态和田园景观、民俗风情文化、村居民舍甚至农业等特质资源。发展集农业观光、休闲度假、商务会谈、科普教育、健身养心、文化体验于一体的农家乐休闲旅游，形成类似熏衣草主题花园、佛堂开心谷、农业奇幻乐园等旅游产品。许多地方推进“桃树经济”向“桃花经济”的转变，发展“油菜花”等“花海”经济。近年来，北京市大力发展“沟域经济”，促进农民增收效果显著，也是这种模式的成功范例。许多山区、贫困地区长期以来经济发展缓慢，但生态环境优良，发展休闲农业和乡村旅游，促进了其生态资源向生态资产的转换，有效带动了农民增收，加快了精准脱贫的进程。

农业农村功能拓展型融合带动农民增收效果，在很大程度上取决于理念创新的程度和服务品质。单靠农民自身推进农业农村功能拓展型融合，往往面临观念保守、理念落后等制约，农户之间竞争有余、合作不足，也会影响区域品牌的打造和效益的提升。工商资本、龙头企业的介入，有利于克服这方面的局限，但防范农民权益边缘化的重要性和紧迫性也会突出起来。

5. 服务业引领支撑型融合模式

通过推进农业分工协作、加强政府购买公共服务、支持发展市场化的农业生产性服务组织等方式，引导农业服务外包，推动农业生产性服务业由重点领域、关键环节向覆盖全程、链接高效的农业生产性服务业网络转型；顺应专业大户、家庭农场、农民合作社等新型农业经营主体发展的需求，引导农业生产性服务业由主要面向小规模农户转向更多面向专业化、规模化、集约化的新型农业经营主体转型；引导工商资本投资发展农业生产性服务业，鼓励农资企业、农产品生产和加工企业向农业服务企业甚至农业产业链综合服务商转型，形成农业、农产品加工业与农业生产性服务业融合发展新格局，增强在现代农业产业体系建设和农业产业链运行中的引领支撑作用。农业生产性服务业引领支撑型融合有利于解决“谁来种地”“如何种地”等问题，促进农业节本增效升级和降低风险，带动农民增收。许多地方通过发展农业会展经济和节庆活动，带动农产品销售和品牌营销，推进农业供给与城市消费有效对接，促进农民增收，也属服务业引领支撑型融合。

6. “互联网+农业”或“农业+互联网”型融合模式

此种融合从本质上也属于服务业引领支撑型融合，但为突出“互联网+”“+互联网”对推进农村产业融合的重要性，可将其单列。依托互联网或信息化技术，建设平台型企业，发展涉农平台型经济；或通过农产品电子商务，形成线上带动线下、线下支撑线上、电子商务带动实体经济的农村一、二、三产业融合发展模式，拓展农产品的市场销售空间，提升农产品或农业投入品的品牌效应和农业产业链的附加值。许多地区在发展设施农业和高端、品牌、特色农业的过程中，越来越重视这种方式。有些地区还结合优势、特色农产品产业带建设，加强同电子商务等平台合作，形成电子商务平台或“互联网+”带动优势特色农产品基地的发展格局。

推进“互联网+农业”或“农业+互联网”型融合，有利于创新农业发展理念、业态和商业模式，促进农业产业链技术创新及其与信息化的整合集成，发挥互联网对农业延伸产业链、打造供应链、提升价值链的乘数效应；也有利于更好地适应、引导和创造农业中高端需求，拓展农业市场空间，提升其价值增值能力，促进农民增收。但此种模式对参与者的素质要求较高，农产品物流等配套服务体系发展对其效益的影响较大，增强创新能力、规避同质竞争的重要性和紧迫性也日趋突出。此种模式能否有效带动农民增收，在很大程度上取决于平台型企业，或农产品电商能否同农户形成有效的利益联结机制。

# 第五章　提高农业生产技能

## 一、农业种植新技能

（一）小麦免耕播种栽培

1. 品种选用

由于免耕播种机大多采用大行宽苗带，且免耕播种的小麦扎根较浅，后期易倒伏，因此，生产上以选用经该省或国家审定通过的适宜当地种植的适应性强、根系发达、株型紧凑、株高适中、分蘖能力强、成穗率高、抗病、抗倒伏、高产稳产的品种为宜。

2. 播前准备

播种前要对种子进行精选，剔除嫩籽、病籽、破籽、虫蛀籽等劣质种子，然后晒种1~2天，以提高种子的发芽率。最好选择包衣种子或进行药物拌种、浸种等处理，防止病虫害的发生。免耕播种的地块，底肥要深施，不要撒施，最好是使用腐熟的农家肥和小麦专用肥，不得选用碳酸氢铵等易挥发性肥料，否则易造成烧种、烧苗，导致减产。及时开好“三沟”，清除沟中碎土，做到沟沟相通，对低凹湿田要进一步开厢理沟，排除田间积水。在播种前7~10天，选晴好天气用草甘膦、克芜踪等灭生性除草剂进行化学除草。

3. 精细播种

在最佳播期范围内应选择晴天播种，播种过早或过迟都不利于小麦高产。免耕小麦分蘖节位低，分蘖力强，成穗率高，播种时要严格控制播种量。一般播种量每公顷135~150kg，高肥水条件的田块可适当降低播种量；播期迟、土壤肥力低的田块可适当增加播种量。免耕机条播的播深应为3~5cm，深浅要一致，若播种过深，会影响种子出苗速度，出苗后长势也较弱。播种过程中做到落籽分散均匀，不漏播、重播。播种后立即进行稻草覆盖，做到均匀覆盖，厚薄适度，并用水喷湿促进稻草腐烂，不仅可以遮阴保湿促全苗，而且能培肥土壤。

4. 田间管理

播种后至出苗前不宜浇水，以免造成种子被埋过深。当麦苗开始分蘖时，结合施肥浇1次防冻水，以促进分蘖，确保越冬安全。4~5叶期时，结合间苗及时查苗补缺，及时进行补种。根据苗情长势适量追施，磷、钾肥料可一次性做底肥施入，速效性氮肥不宜作底肥，应以追施的方式进行补充。后期用尿素加磷酸二氢钾对水喷施1~2次，小麦返青后拔节前，对群体较大、分蘖较多的麦田，用壮丰安进行叶面均匀喷施，以防倒伏。

5. 病、虫、草害防治

麦田主要杂草有看麦娘、日本看麦娘、茴草、猪殃殃、繁缕、大巢菜、稻槎菜、早熟禾、雀舌草、棒头草、附地草、藜等；病虫害主要有条锈病、赤霉病、纹枯病、白粉病、叶枯病、灰飞虱、红蜘蛛、蚜虫等。及时做好病虫测报工作，适时进行药剂防治。每隔2~3年对实施免耕播种的地块深松1次，以彻底打破犁底层、增加土壤的透气度，杀灭杂草和地下害虫，促进粮食增产、增收。

6. 适时收获

使用联合收获机直接收获时，宜在蜡熟期至完熟期进行。根据天气和小麦的成熟度及时采用机械收割，脱粒后及时晾晒3~4天，使籽粒含水量降到安全含水量以下方可进仓。

（二）玉米地膜覆盖栽培

1. 播前准备

（1）选用地膜。地膜的规格和质量的好坏，直接影响到增温保墒、增产增收。当前主要采用低压高密度超薄地膜，也称为超薄膜，其厚度为0.005~0.007mm，幅度为70~80cm，是种植地膜玉米用的理想材料，每公顷用量45~52.5kg。

（2）选地、整地、施肥。

①选地：地膜玉米宜选用地势平坦、土层深厚、土质疏松、肥力中等以上、保肥保水能力较强、茬口好的地块，切忌选用陡坡地、石砾地、沙土地、瘠薄地、洼地、涝地等地块种植。耕作层的熟土层在20~33cm为佳。

②整地：整地深度为20~33cm，精细平整，疏松土壤，上虚下实，做到无根茬。增温保墒，结合施足底肥，达到深、松、平、净、肥、软、润等标准，为高质量盖膜创造一个良好的环境条件。

③施肥：每公顷产12 000kg玉米籽粒需尿素780kg、磷肥1 500kg、硫酸钾750kg，结合耙耱整地施足底肥。如果每公顷施优质农家肥45 000~60 000kg，则每公顷施尿素450~600kg、磷肥750kg（或二铵225~300kg）、硫酸钾（或氯化钾）225kg即可。地膜玉米一般采用底肥1次施入，施肥深度为30cm，且与种子不同沟。

（3）选择适宜品种。选择比原露地种植品种的生育期长7~15天或所需积温多150~300℃，叶片数多1~2片的品种作为覆盖玉米最佳。为了提高群体的光能利用率，最好选用紧凑型品种，利于密植。

2. 覆膜播种

（1）盖膜方法。目前普遍采用的是人工半机械化覆膜方法，要求3人为一组，先在地头装膜，开沟压膜，1人在前拉覆膜机，2人在两侧检查覆膜质量，并每隔3m左右在膜上压一小土埂，防止大风揭膜。

（2）播种。一般比露地春播玉米早播10~15天。当陆地5cm地温稳定通过7~10℃时即可播种。播种时先在地膜两侧人工开沟、人工播种，一般大穗型品种穴距50cm，行距40cm，留苗45 000~48 000株/$hm^2$，每穴下种2~3粒；紧凑型玉米品种穴距30cm，每穴下种2~3粒，行距40cm，留苗60 000~67 500株/$hm^2$。

3. 田间管理

（1）间苗、定苗。3~4叶期间苗，4~5叶期定苗。间、定苗时拔除异株、病株、弱株，保留健壮株。地膜玉米由于水温和营养条件较好，幼苗易生分蘖，应及早掰除。

（2）中耕除草。地膜对膜下杂草生长有一定的抑制作用，苗期杂草不易造成危害，但到中期，有些杂草破膜而出，且未覆膜空间杂草易丛生，应采取化除或人工拔除的办法消灭杂草。

（3）追肥灌水。一般应前控后促，合理追肥灌水。前期幼苗水肥供应充足，生长较快，一般不追拔节肥。应重施喇叭肥，主攻穗粒，一般每公顷施尿素225~300kg。结合追肥进行灌水，随后封闭肥口。大喇叭口期之后的一段时间是玉米需水的临界期，有条件的一定要饱灌1次水，以提高抗旱能力，增加结实率和粒重。

（4）防治病虫害。大喇叭口期若发生玉米螟危害，可用辛硫磷毒杀制成颗粒剂灌心叶防治。预防矮花叶病，一是选用抗病品种；二是在玉米生长至5~7片叶时，叶面喷施叶面宝加病毒A，每7天1次，连喷2次。预防玉米花叶病毒病，防治玉米病毒病，当田间病株达5%以上时，可用病毒A加叶面肥，每7天1次，连喷3次即可。同时，要对田间重病株及时拔除，并带出田间掩埋。

（5）去雄、授粉。当雄穗刚露出顶叶，隔行或隔株抽掉雄穗，地头和边行不去雄。去雄时严防带叶、折秆。在玉米授粉期可进行人工辅助授粉。选晴朗无风或微风天气，在上午 9:00—11:00用牛皮纸收集花粉，混合后吹于花丝上，每隔 3 天 1 次，连续 2~3 次。

（6）叶面喷肥。抽雄到灌浆初期，每公顷用 3~4.5kg 磷酸二氢钾对水 600kg 叶面喷施，起到壮秆、增粒、增重作用。

（7）及时收获。当籽粒变硬，用手指掐后看不到痕迹，并呈现固有颜色时即可收获。收获后消除禾秆根茬，及早将残膜清除干净，防止废膜影响耕作和下茬作物根系生长。

除地膜覆盖外，目前秸秆覆盖和地膜、秸秆两段覆盖也为广大农民所采用。

①秸秆覆盖：其一，半耕整秆半覆盖：收获玉米秆时，一边割秆一边顺行覆盖，盖 67cm，空 67cm，也可盖 60cm，空 73cm。下一排要压住上一排梢，在秸秆交接处和每隔 1m 左右的秸秆上要适量压些土。第二年春天，在未盖秸秆的空行内耕作、施肥，并在空行靠秸秆两边种两行玉米。玉米生长期间，在未盖秸秆的地内中耕、追肥、培土。秋收后，再在第一年未盖秸秆的空行内覆盖秸秆。其二，免耕整秆覆盖：玉米收获后，不翻耕，不去茬，将玉米整株秸秆顺垄割倒或用机具压倒，均匀地铺在地面，形成全覆盖。第二年春天，播种前 2~3 天，把播种行内的秸秆搂到垄背上形成半覆盖。

②地膜、秸秆两段覆盖：在玉米、花生地膜覆盖栽培的基础上，小麦收获后，玉米施攻苞肥时，拔去残膜，将麦秆覆盖在行间或株间，既可避免地膜后期接纳雨水困难及局部高温的危害，又可利用秸秆接纳雨水，达到保湿、防止水土流失、培肥地力等效果。

（三）水稻高产栽培技术

1. 选择品种、田块

适宜的品种应当具备株形直立，叶片略内卷，剑三叶长度适中，耐肥抗到，抗病、抗低温能力强，穗重型或偏穗重型，分蘖能力中等，生育期适中，再生能力强等特性。田块宜选用有一定水源保证的区域及田块。

2. 确定播栽时间

水稻的播种时间应根据当地的气象条件、水稻的生育期和作物的茬口来确定。适期早播种、早栽秧，可延长水稻营养生长期，减轻移栽过程中叶片和根系的损伤，容易达到浅插的要求，低位分蘖多，易形成大穗；还可避免夏旱、伏旱对水稻生长发育的影响。

3. 采用旱育壮秧

水稻高产栽培技术要求中小苗移栽，但因早春气候不稳定，温度变化较大，寒潮多，故对秧苗素质要求较高。旱育秧植株矮健，白根多，根系发达，叶片短而厚，抗逆力强。因此，推广水稻高产栽培技术应选用旱育秧方式，培育健壮的中、小苗。在苗期管理上做到：1 叶一心期正常天气白天揭两头，晚上盖严；2 叶一心期正常天气白天揭侧膜，晚上盖两侧、揭两头，寒潮天气盖严；3 叶期正常天气全揭，寒潮揭两头，强寒潮盖严。移栽前炼苗 1 天以上。同时，2.5~3 叶期用 300~375kg/hm$^2$ 尿素对腐熟清粪水做送嫁肥。

4. 提高移栽质量

本田整地质量要求较高，要求田平、泥绒，高度差不超过 3cm，栽秧时间一般秧龄为 30~35 天，天气应选在冷尾暖头，不强求栽直，力求浅栽。若栽得过深，不能利用地表泥温高、表层氧气充足的优势，还容易造成基部低位分蘖休眠，提高分蘖节位，小穗增多，遇低温极容易形成僵苗，降低秧苗成活率。

5. 合理增加密度

栽插密度基本苗保证 22. 5 万株/$hm^2$ 左右。选择栽插方式时要考虑风向、地势和田块形状，做到因地制宜。

6. 平衡施肥

按照“减前增后，增大穗、粒肥用量”的原则进行全生育期平衡足量施肥，达到每公顷施纯氮 150～180kg、五氧化二磷 75～120kg、氧化钾 120～165kg。田块应做到稻草全部还田，每公顷施用人畜肥 15 000～22 500kg、过磷酸钙 525kg、锌肥 15kg（不能与磷肥混用）做底肥，有条件的还可施用绿肥；钾肥宜采用施氯化钾或硫酸钾，每公顷 150～225kg 做底肥，每公顷 90～105kg 做追肥；氮肥按底肥、蘖肥、穗肥、粒肥分别为 4：2：1：1 的比例施用，一般每公顷用尿素 130～180kg 做底肥，返青后每公顷施尿素 52. 5～75kg，栽后 10～20 天每公顷施尿素 45～60kg，拔节后 3～5 天每公顷施尿素 67. 5kg，齐穗后 7～10 天每公顷施尿素 30kg。

7. 加强田间管理

浅水栽秧（有灌溉条件的可无水栽秧）、薄水分蘖，当秧苗成活时让田水自然落干后再灌第二次水，使前水不见后水。在基本苗达到设计有效穗数的 80%～85%时排水晒田；轻晒标准是开小裂缝，白根翻面，叶片挺直。复水早的可多次晒田，即灌 1 次“浅水”，自然落干后晒田。拔节后至收获应一直保持浅水层。

在除草方面，应在有效分蘖末期前进行 2～4 次中耕除草，在病虫防治方面，应严格按照预测预报进行，重点加强水稻螟虫、稻瘟病、纹枯病等病虫防治。

（四）油菜全程机械化

油菜全程机械化生产是今后适宜地区的主要发展趋势。其主要栽培技术要点如下。

1. 大田处理

中稻收割前10天，放干田间积水，必要时提前开好三沟（沟深30cm以上），确保稻谷收割时稻田不积水，确保及时进行第一次土壤旋耕。

2. 品种选择

选择产量高、株型紧凑、高度适中，抗倒性好的“双低”油菜品种。

3. 播种适期

适宜播种期以9月25号至10月10号为宜，趁土壤湿润时播种（注意气象预报，也可下雨前1~2天播种，确保一播全苗）。坚持“早熟品种迟播，迟熟品种早播”的原则。

4. 亩用种量

早熟品种亩用种量300~400g，迟熟品种亩用种量300g，确保亩有效株数2.5万株以上。

5. 株行距离

包沟2m开厢，厢宽1.8m，沟宽0.2m，沟深0.3m（人工清理并开好围沟）；每厢播种6行（黄鹤2BFQ-6/8精量播种机），行距0.3m，株距随机。

6. 基肥用量

基（底）肥45%的三元复合肥40kg，硼肥1.5kg，机播时一同施入土壤中。注意硼肥与复合肥需拌和均匀。

7. 追肥用量。

（1）苗肥。3~4叶期进行，亩用尿素7.5kg撒施于行间。

（2）腊肥（越冬肥）。入冬前（叶片封行前），亩用尿素10kg于雨后晴天傍晚叶片无露水时撒施行间。

（3）叶面施硼。2月下旬，叶面喷施0.2%硼肥或硼酸。硼肥用40℃温水溶解后稀释喷雾；现蕾期再喷雾1次。

8. 田间除草

油菜3~5片叶时亩用10%g丙酯草醚乳油40~50ml/亩、或用10%g异丙酯草醚乳油40~50ml/亩、或用10%氨苯磺隆可湿性粉剂10~20g/亩，或用15%的精吡氟禾草灵乳油75~100ml/亩对水45~60kg均匀喷雾。注意：除草剂采用二次稀释法，药液不得喷洒到其他作物上，且喷雾器用后及时清洗。根据草情，田间土壤温度确定用药量，草多、土壤干旱重，用药量采用高剂量，反之用低剂量。

（五）大棚蔬菜种植

1. 春提早栽培

品种：茄子（六叶茄、红山叶、早冠8号）、番茄（合作903、中杂9号、以色列144及樱桃番茄）、辣椒（福椒4号、中椒10号、湘研12~15号）、黄瓜（津优2号、长春密刺、津春3号及水果黄瓜）。

播种：10月上旬至翌年2月中旬播种，浸种催芽。

定植：2月上旬至3月下旬定植，采用地膜加小拱棚或加二道膜覆盖保温。

管理：大棚内温度不低于10℃时，可在中午前后解开小拱棚的两侧，通风降湿。

采收：4月上、中旬开始采收，6—7月采收完成。

2. 秋延后栽培

品种：秋辣椒（中椒10号、湘研12~15号、二荆条）、秋番茄（美国大红、合作905、佳粉17）、秋黄瓜、秋茄子、芹菜（二黄芹、日本芹、荷兰芹）、莴笋（青挂丝、春秋大白皮、竹筒青）。

播种：7月中旬，浸种催芽，播种后遮阳网覆盖，出苗后，小拱棚加遮阳网。

定植：8月定植，秋季雨水多，须做深沟高畦。

管理：扣膜保温，10月开始覆盖棚膜，覆盖初期晴天应通风降温。

采收：9月开始采收，2月采收完成。

## 二、农业养殖新技能

（一）稻鱼综合种养

稻鱼综合种养是根据生态循环农业和生态经济学原理，将水稻种植与水产养殖有机结合，通过对稻田实施工程化改造，构建稻鱼共生互促系统，并通过规模化开发、集约化经营、标准化生产、品牌化运作，能在水稻稳产的前提下，大幅度提高稻田综合经济效益，提升稻田产品质量安全水平，改善稻田的生态环境，是一种具有稳粮、促鱼、增效、提质、生态等多方面功能的现代生态循环农业发展新模式。

1. 养鱼稻田的准备

（1）加高加宽田埂（田基）。田埂加高至0.5m，田埂顶部宽0.3m，底部宽0.5m，利用开鱼凼的土方进行加高加固，田埂层层夯实。有条件的可在田埂内侧和顶部用混凝土现浇护坡（厚度为12cm），保证不漏水、不垮塌。

（2）开挖鱼沟和鱼凼（也称鱼溜）。稻田开设鱼沟，宽0.8~1.0m，深0.5~0.8m，占稻田总面积的10%~15%，其形状根据水田面积划定，面积大的水田开挖成“井”“田”“目”字形，小的农田（一亩以下）简单一点，开成“日”“十”字形。鱼凼一般建在田中央或者田对角，鱼凼占总面积的5%~10%，深1.0~1.5m，形状可为正方形、圆形或椭圆形，四周侧面硬化护坡。

（3）进、出水口及拦鱼设置。为便于水体交换，进出水口要对开。拦鱼材料可用竹、木、尼龙网、铁丝网制作，安装时呈弧形，以增大流水面，凸面朝向田内，上沿略高于田埂，安装牢固，有条件的可用混凝土预制板修建进水口和排水口。

2. 水稻栽培与鱼种放养

（1）水稻栽培。在鱼沟、鱼凼以外的水稻种植区进行人工插秧，插秧密度为10万~15万株/$hm^2$。

（2）适养品种。适合稻田养殖的品种有鲤、鲫、草鱼、福寿鱼、白鲢、泥鳅、黄鳝、塘虱、河虾、河蟹、蛙、田螺等。

（3）鱼种放养。养鱼稻田做犁耙时施足基肥，插禾后七天左右放鱼。每亩稻田大约放优质鲤鱼、鲫鱼、福寿鱼等200~300尾。过段时间再增放数百尾鲤鱼秋子搭配养殖，供第二年鱼种放养需要。

3. 饲养管理

（1）水的管理。在水稻生长期间，稻田水深应保持在5~10cm；随水稻长高，鱼体长大，可加深至15cm；收割稻穗后田水保持水质清新，水深在50cm以上。

（2）防逃。平时经常检查拦鱼栅、田埂有无漏洞，暴雨期间加强巡察，及时排洪、清除杂物。

（3）投饲。鲤鱼、鲫鱼都是杂食性鱼类，平常以水里、泥底的小动物、水田青草、杂草为食物，当稻田养鱼较多时，可人工补充投喂一些常见的饲料。

（二）膨化饲料投喂技术

1. 投喂量的确定

饲料投喂技术，首先是确定投喂量，既要满足鱼生长的营养需求，又不能过量，过量投喂不仅造成饲料浪费，增加成本，且污染水质，影响鱼的正常生长。因此，饲料投喂量的确定是投喂技术中的重要环节。

（1）日投喂量的确定。在生产中，确定日投喂量有两种方法：饲料全年分配法和投喂率表法。

①饲料全年分配法：首先按池塘或网箱等不同养殖方式估算

全年净产量，再确定所用饲料的饲料系数，估算出全年饲料总需要量，然后根据季节、水温、水质与养殖对象的生长特点，逐月、逐周甚至逐天的分配投饲量。

②投喂率表法：即参考投喂率和池塘中鱼的重量来确定日投喂量（即日投喂量=池塘鱼的重量×投喂率，池中鱼的重量可通过抽样计算获得）。此外，还应根据鱼的生长情况和各阶段的营养需求，可在1周左台对日投喂量进行1次调整，这样才能较好满足鱼的生长需求。

（2）每次投喂量的确定。对一些抢食不快或驯化不好的养殖鱼，一般用平均法确定每次的投喂量（即：每次投喂量=日投喂量÷日投喂次数）。驯化较好的鱼摄食一般是先急速，后缓和，直到平静；先水面，后水底；先大鱼，后小鱼；先中间，后周边。每次投喂应注意观察鱼的摄食情况，当水面平静，没有明显的抢食现象，80%的鱼已经离去或在周边漫游没有摄食欲望时，停止投喂。

影响鱼摄食的因素很多，如光线强弱，人类活动等。但从水质理化环境分析，在水质环境良好的条件下，影响投喂量的主要因子是水温和溶氧量。

（3）水温与投喂量。鱼类是变温水生动物，水温是影响鱼类能量代谢最主要的因素之一。在一定的水温范围内，鱼类的能量代谢将随水温的升高而增大，超出这个范围，其代谢又趋于下降，如鲤鱼（50~100g）的摄食率在15℃时为2.4%，20℃时为3.4%，25℃时为4.8%，30℃时为6.8%，所以，在掌握好基础投喂率的前提下，日投喂量应根据水温的变化情况加以增减。

（4）溶氧量与投喂量。水体溶氧量的高低直接影响鱼类的摄食量和消化吸收能力的大小。水中的溶氧含量高，鱼类的摄食旺盛，消化率高，生长快，饲料利用率也高；水中的溶氧含量低，鱼类由于生理上的不适应，使摄食和消化率降低，并消耗较多的能量。因此，生长缓慢，饲料率低下。

2. 投喂次数和投喂方法

（1）投喂次数。投喂次数是指当天投饲确定以后，一天之中分几次来投喂。这同样关系到饲料的利用率和鱼类的生长。投喂过频，饲料利用率低；投喂次数少，每次投喂量必然很大，饲料损失率也大。投喂次数主要取决于鱼类消化器官的发育特征和摄食特征及环境条件。我国主要淡水养殖鱼类，多属鲤科鱼类的“无胃鱼”，摄食饲料由食管直接进入肠内消化，1 次容纳的食物量远不及肉食性有胃鱼类。因此，对草鱼、团头鲂、鲤鱼、鲫鱼等无胃鱼，采取多次投喂，有助于提高消化吸收和提高饲料效率，一般每天投喂 4～5 次；肉食性鱼类对食物有较好的储存能力，日投喂量应控制在 2～3 次。同种鱼类，鱼苗阶段投喂次数适当多些，鱼种次之，成鱼可适量少些；饲料的营养价值高可适当少些，营养价值低可适当多些；水温和溶氧高时，可适当多些，反之，则减少投喂或停止投喂。

（2）投喂方式。配合饲料投喂一般有人工投喂和机械投喂两种。一般人工投喂需控制投喂速度，投喂时要掌握两头慢中间快，即开始投喂时慢，当鱼绝大多数已集中抢食时快速投喂，当鱼摄食趋于缓和，大部分鱼几乎吃饱后要慢投，投喂时间一般不少于 30 分钟，对于池塘养鱼和网箱养鱼人工投喂可以灵活掌握投喂量，能够做到精心投喂，有利提高饲料效率，但费时、费工。大水面养殖最好采用机械投喂，即自动投饲机投喂，这种方式可以定时、定量、定位，同时，具有省时、省工等优点，但是，利用自动投饲机不易掌握摄食状态，不能灵活控制投喂量。

（3）投喂方法。池塘或大水面选择上风处定点投喂，可用毛竹或 PVC 管圈成正方形或三角形，将膨化水产饲料投入其中。在网箱养殖或流水养鱼中，必须采取一些特殊措施，如将投饵点用网片、PVC 管圈围等方法，预防浮性饲料浪费。

（三）畜禽养殖废弃物资源化循环利用技术

1. 冬季非采暖系统猪牛粪高效繁殖蚯蚓技术

将猪牛粪以3∶1混合，混合物料孔隙度、水分和碳氮比分别调节到40%、55%和30∶1左右，在大棚内或普通房间内进行被动通风堆肥，利用发酵产热维持蚯蚓养殖所需温度。在堆肥中埋置蚯蚓培养箱，箱体底部开孔，以塑料管导入新鲜空气，物料箱体内蚯蚓养殖在保证温度的情况下，不会受堆肥产生的有害气体影响，有利于蚯蚓繁殖和生长。

2. 猪牛粪和沼渣养殖蚯蚓采用分阶段饲养技术

孵化期蚯蚓茧孵化采用“20%牛粪+80%沼渣”基质组合；幼年蚯蚓则采用基质组合“20%猪粪+80%牛粪”；成年蚯蚓产茧期采用“40%沼渣+60%猪粪”基质组合，蚯蚓最大生物量的物料添加间隔时间为7天。

3. 高温好氧发酵技术

将畜禽粪便与秸秆、菌渣按一定比例进行混合，加入高温好氧发酵菌种，装入自旋式高温发酵罐，利用外加热使发酵物料温度达到高温好氧发酵菌种繁殖的适宜范围。升温后关闭外部加热，生物热维持发酵物料在70~80℃，降低物料水分，杀灭有害生物，罐体保持自旋使物料充分发酵分解，经24小时后出仓进行二次发酵处理，再经过4~5天充气散热降至常温后，筛选分装制成有机肥成品。

4. 病死畜禽高温化制技术

利用高温化制设备将病死畜禽通过高温高压干法处理、烘干处理和脱脂处理后制成工业用油与生物有机肥。同时，通过对密闭管道进行改进，采用真空冷凝回收技术，处理化制过程中产生的有毒有害气体，有效防治了二次污染，使用稳定保压泄压装置，实现压力稳定，排除生产操作过程中的安全隐患。

5. 种养结合循环利用模式

主要采取沼液就地还田形式实现。该技术首先在养殖场实施标准化建设，实现舍外雨污分离、舍内干湿分离、净道与污道分离，其次养殖场配套建设沼气池和沼液输送管网，种植基地配套建设储存池和滴灌系统；最后养殖场生产规模与种植基地消纳能力相结合，实现沼液还田与物联网技术相结合。

6. 病死畜禽全域集中无害化处理模式

由养殖业主、无害化处理公司、保险公司与动物卫生监督机构四方联动实现，通过创建病死畜禽集中无害化处理的“3+1”模式，针对病死畜禽报告、收集、运输、处理和监管环节制定技术规范，病死畜禽处理后产物用作生物有机肥原料和化工原料，并将产生的废气采用冷凝回收+生物降解处理后用于绿化浇灌，实现了病死畜禽无害化处置的全程无二次污染。

7. 畜禽养殖废弃物减量化技术

首先，通过引进推广良种畜禽、优质全价配合饲料、先进的饲养管理技术和自动化设施设备，提高畜禽生产效率和出栏率，降低存栏量，减少畜禽粪污总产生量。随后，通过畜禽养殖标准化示范创建，调控养殖环境，强化重大动物疫病的防控，控制疾病发生，降低死亡率，减少病死畜禽的产生量。

## 三、农产品加工新技能

### （一）NFC 果蔬汁超高压加工技术

高压技术是指将食品密封在柔性容器内，以水或其他液体作为传压介质，在常温或稍高于常温（25～60℃）下进行 100～1 000MPa 的加压处理，维持一定时间以达到杀灭食品中微生物、钝化内源酶的目的，从而延长食品货架期的一种物理加工方法。超高压技术对食品的色、香、味、营养及功能性成分具有较好的保护作用，能有效保持产品新鲜度、保证产品质量。

近几十年，超高压技术已成为研究最多的食品非热力加工技术，具有很高的商业化潜力，该技术已被美国农业部食品安全与监察局（USDA-FSIS）认证并被消费者接受。在欧洲以及美国、澳大利亚和韩国，超高压技术广泛地应用于果蔬制品、肉制品和海产品等多种食品的加工。目前国内已建立多条超高压加工生产线。但是超高压技术杀菌效果与原料特性和酸度有较为密切的联系，同时不能杀灭芽孢和完全钝化食品内源酶，存在货架期短、需要冷藏等特点，限制了此项技术的广泛应用，目前国际上各公司围绕超高压技术开发了适合 NFC（not from concentrate，非还原）果蔬汁加工的专有和专利技术。根据国内外 NFC 果蔬汁发展趋势结合超高压技术发展现状，针对我国 NFC 果蔬汁加工面临的主要问题，基于超高压技术，开发“超高压+”系列技术，包括超高压+漂烫/气体/超滤/Nisin 等。

目前，非还原果蔬汁已成为主要的果蔬汁，具有生、鲜、营养、安全等特点，是继果味饮料、浓缩汁、还原汁之后的第四代果汁，受到消费者的青睐。发达国家和地区已开始了工业化生产，中心在果蔬加工、非热加工、特别是 NFC 果蔬汁方向进行了多年研究，目前已建立一套成熟的超高压 NFC 果汁杀菌及品质的研究体系，在杀灭微生物，钝化内源酶，保持 NFC 果汁的色泽、风味、营养物质及功能活性，延长货架期等方面均有大量的研究成果。

原料牛乳的验收原料牛乳验收包括：评定色泽、检查臭味、滴定酸度、测定比重、乳脂率、干物质、细菌数及其他指标。

（二）消毒牛乳的加工方法

1. 验收原料

原料牛乳的验收原料牛乳验收包括：评定色泽、检查臭味、滴定酸度、测定比重、乳脂率、干物质、细菌数及其他指标。其各项标准要求是如下。

（1）原料乳必须来源于健康乳牛。

（2）无异味臭味，风味良好。

（3）无初乳和末乳等异常乳的混杂。

（4）色泽正常。

（5）不掺有水或添加中和剂、防腐剂和其他杂质。

（6）比重保持在1.028~1.034（15℃）。

（7）酸度在200°T以下。

（8）乳脂率在3.4%以上。

（9）细菌数每1mL牛乳不超过100万个，少于20万者为良好。

2. 称重

小型乳品厂，一般连同乳桶一并过秤，然后减去乳桶重量，或用受奶槽及自动记录进行称重。受奶槽容量一般为300~600L。

3. 过滤

净化使用过滤器应尽量扩大过滤面。如果牛乳乳脂率在4%以上，为加快其流速，牛乳温度应保持在40℃，不超过70℃；乳脂率在4%以下，牛乳在4~15℃温度下过滤，则将会降低其流速。过滤时的压力应保持在0.7kg以内，压力过大，将会使滤布上附着的杂质由于压力而通过，以致起不到过滤作用。

使用过滤器，其滤网（或滤布）必须保持清洁，并注意消毒。否则，滤网（或滤布）将成为细菌和杂质的污染源。过滤必须在杀菌前进行。

净乳机：净乳机构造和分离机相似。但内部分离碟片和牛乳排出口有所不同。专用净乳机设有脱脂乳及稀奶油排出口，分离碟片的直径较小，同时，每个分离碟片的间距较大。牛乳中的杂质、灰尘和砂土等，经净乳机高速旋转的离心作用，流出的牛乳即可达到净化。

净乳机不仅能分离灰尘、沙土等杂质，而且能将牛乳中的一些体细胞除去，所以，生产优质牛乳必须经过净化机净化。

净乳机连续运转时间。在一般情况下，如果净化低温牛乳，可连续运转 8 个小时，净化高温牛乳（57℃），则仅可连续运转 4 个小时。新式净化机可自动排污。以减少拆卸清洗和重新组装等手续。

4. 冷却

原料牛乳经过检验、称重、过滤或净化之后，必须尽快冷却，以抑制其细菌的繁殖。使用的冷却器通常采用表面冷却器和热交换器。

均质采用高温短时间杀菌或超高温杀菌生产消毒牛乳的成套设备中，一般都装有均质机。牛乳经过热交换，温度上升到 58~60℃时，即流向均质机进行均质，然后流入杀菌器进行杀菌。

巴氏杀菌为了人类健康和公共卫生以及有益于商品牛乳的保藏，牛乳必须经过杀菌或灭菌之后，才允许销售，供消费者饮用。

5. 包装

经过杀菌（或灭菌）和冷却的牛乳，必须立即进行包装，并送冷库保藏。在各种消毒牛乳日益增多的形势下，包装是一个决定性的因素。销售消毒牛乳，必须运输方便，容易开启，便于携带，同时，起到一定的装饰作用，但更重要的是保证消毒牛乳的质量。

早在 19 世纪初，即采用玻璃瓶包装。但玻璃是一种较重并可回收使用的包装材料，给乳品厂存放和清洗带来许多麻烦。所以，现在国内外玻璃瓶装牛乳已日渐减少，而代之以塑料袋包装和复合包装材料包装。

大型现代化乳品厂包装消毒牛乳，多采用各种型号的消毒牛乳自动包装机。如用于玻璃瓶包装的半自动和全自动装瓶机，还可以将传送带与洗瓶机相连而成为洗瓶、装瓶连续作业，从而大大提高劳动生产率。

国外多采用塑料涂层夹层纸包装，牛乳经超高温灭菌，包装袋用紫外线杀菌，袋内装满定量牛乳后，上下两对加热板同时加压封闭上下口，然后一袋一袋剪开，可以是菱形或长方形，能在销售商店或用户存放1个月之久。

6. 贮存

消毒牛乳包装后应立即送入冷库中贮存（库内温度要求在2~10℃），采用风冷为好，堆放时应有一定间隙，待卫生检查合格后方可出厂。

（三）玉米米加工技术

玉米米是以细玉米面为原料（也可以按照一定的比例添加其他营养成分），经过加水搅拌、膨化成型、冷却、烘干、筛选等工序加工而成。米粒像大米，呈淡黄色半胶化状态，有一定透明度。用这种料做饭比用玉米面、玉米糙做的饭好吃。

1. 原料与配方

主要原料为玉米淀粉、碎米和面粉。此外，尚需添加少量固结剂，如氯化钙、明矾、碱类及干酵素等。淀粉质量须较好；面粉最好使用面筋含量较高的强力粉或中薄力粉，以增强黏结力；碎米可增加风味，降低米粒的透明度。为了提高营养价值，可加入维生素及赖氨酸等。最佳配合率是淀粉40%、薄力粉40%、碎米粉20%；也可用淀粉50%、强力粉30%、碎米粉20%。

2. 加工方法

（1）混合。根据配方数量，把原料和营养强化剂（每千克维生素13.3g、钙质6.5g、赖氨酸1g左右），投入混料机充分混合，并加入适量温水和少量食盐（0.2%），再充分搅拌，使面粉团含水率达35%~37%。

（2）制粒。用辊筒式压面机将面团压成宽面带，然后送经带有米粒形状凹模的制粒机，在加压状态下把面带压成米粒，然后用分离机将米粒分离筛选，筛掉粉状物。

(3) 蒸煮。将含水40%左右的米粒，在输送带上用蒸气处理3~5分钟，使米粒表面形成保护膜，并杀死害虫和微生物。

(4) 烘干。温度39℃，烘干时间约需40分钟。烘干后的玉米米水分多降至13%左右，再经冷却水分离，降低至11%，即可贮存食用。

## 四、农产品销售新技能

### (一) 农产品营销渠道类型

1. 农产品批发市场销售

农产品批发市场销售是指通过建立影响力大、辐射能力强的农产品专业批发市场来集中销售农产品。

优点：是销售集中和销量大，能够实现快速集中运输、妥善储藏，加工及保鲜。

缺点：一是农民经纪人在从事购销经营活动中，一手压低收购价，一手抬高销售价。不仅农民利益受损，而且往往造成当地市场价格信号失真，管理混乱；二是专业市场信息传递途径落后、对市场信息分析处理能力差；三是市场配套服务设施不健全。

2. 销售公司销售

即通过区域性农产品销售公司，先从农户手中收购产品，然后外销。农户和公司之间的关系可以由契约界定，也可以是单纯的买卖关系。

优点：可以有效缓解“小农户”与“大市场”之间的矛盾。

缺点：一是风险高，特别是就通过契约和合同来确立农户与公司关系的模式而言，由于组织结构相对复杂和契约约束性弱等原因，使得这种模式具有较大风险。二是销售公司和农户之间缺乏有效的法律规范。

3. 合作组织销售

即通过综合性或区域性的社区合作组织如流通联合体、贩运合作社专业协会等合作组织销售农产品。购销合作组织和农民是利益共沾，风险共担的关系。

优点：既有利于解决“小生产”和“大市场”的矛盾，又有利于减小风险；购销组织也能够把分散的农产品集中起来，为农产品的再加工和增值提供可能。

缺点：合作组织普遍缺乏作为市场主体的有效法律身份，不利于解决销售过程中出现的法律纠纷；合作组织普遍缺乏资金，因而普遍缺乏开拓市场的能力；农民参加合作组织的自愿、自主意识不强，并且其本身的运行缺乏动力，决策风险较高。

4. 贩运大户销售

优点：稳定性好，由于销售大户的收益直接取决于其销量，因而“大户”具有很高的积极性，他们会想尽各种办法，如定点销售与零售商分成等方式来稳定销量。

缺点：贩运大户大多是农民，对市场经济知识缺乏深入了解，销售能力有限，而且他们本人又承担巨大风险，比如对于进行农产品外运的大户来说，会遇到诸多困难，像天气、运输、行情等。

5. 农户直接销售

农产品生产农户通过自家人力、物力把农产品销往周边或其他各地区。

优点：销售灵活；农民的获利大，农户自行销售避免了经纪人、中间商、零售商的盘剥，能使农民获得实实在在的利益。

缺点：销量小，即使是农业生产大户，主要依靠自己的力量销售农产品，毕竟很有限，而且难以形成规模效应；一些农民法律意识、卫生意识淡薄，容易受到城市社区的排斥。

6. 农业企业销售

即农业企业将自己生产的农产品，或加工过的农产品销售给中间商或直接销售给消费者。

优点：一旦有了知名品牌后，企业就可以获得超过产品本身的超额价值。

缺点：一个品牌的创建初期需要投入大量的人力、物力和财力，这也许是很多小的农业企业所不能承受的。

(二) 树立正确的营销观念

在当前，我们应以现代营销理念经营农产品，树立正确的营销观念。具体做好以下方面。

1. 在营的基础上去销

推销是直接拿自己的产品，通过走渠道、抓机会、找销路等形式面对市场终端，最终由客户决定买不买；而营销则是先沿着目标客户的需求轨迹和消费情景，达到目标客户的消费状态，最终影响客户消费行为。我省大部分的农业经营者还是把销售当做一个独立的环节，缺乏整体营销意识，把希望和努力放在直接推销上。但是，如果缺乏“营”的基础，盲目地走到终端，那只能是在优势并不充分的情况下被动地接受选择，销售的效果必定很受限。农产品更应该“先营后销”。传统农业是生产导向的，产出什么卖什么。而实际上由于农产品生产周期长，上市交付周期短，不像工业品生产那样可以随时调整，如果没有“营”的基础，不通过营销把自己的价值区分和树立起来，那就只能随行就市，被动接受选择，甚至越是产出好，越可能出现“谷贱伤农”。因此，农产品的经营潜力，实质更依赖于有效的营销。尤其对于绿色农产品，营销的主要任务是“卖得好”，更需要通过营销来恰当确立自身的市场价值。

2. 用整体营销观念下整盘棋

绿色农产品由于其价值识别性差，更需要在产品、品牌、价格、渠道、传播等方面协调适配，在与顾客接触的各个点面上向顾客传达统一的价值感受。我省支持专营店渠道营销，有利于早期品牌建设，但如果经营者不注意营销要素的协调，就降低了它的意义，并可能反过来损害渠道形象。现代农业经营的一个特点是基于地域环境的多业态伴生经营，对于某一具体经营者来说，一是应该注意发挥各种业务的协同效应，在统一的主题上相得益彰，追求一体化复合经营效果，而不是分散的多元化状态；二是要处理好专业化与一体化经营的关系，应保证在专业能力与复合扩张管理能力的基础上进行一体化经营，避免因业务结构扩张而损害专业经营深度和管理状态，在必要的情况下，应结合自身能力、业务先机需要和竞争态势按秩序进行，并在结构安排上遵循“先统一主题壮大主业，后完善结构扩大成效”的准则。

3. 用工业品的经营方式经营农产品

市场营销观念是开展营销活动的指导思想，它决定着商品生产经营者活动是否科学、合理，能否取得满意的效果。即以消费者需求为中心的农产品市场营销观，农产品买方市场是在农产品生产供过于求的情况下形成的，消费者取代生产者具有了市场选择的主动权，生产者和销售者应该改变以往的观念，树立“消费者需要什么，我就生产什么、销售什么，并比竞争对手提供更多、更好的优质服务”的营销观念。

长期以来，我们在农产品经营上往往习惯于“地里长出什么卖什么”，这限制了农产品品牌的诞生，而现代农产品尤其是绿色农产品经营则应“需要卖什么就让地里长什么”。其实工业运作的方式就是商业化经营推动的结果，而农产品商品化营销，也必将推动农业运作方式的转变。

（三）农产品营销策略

1. 高品质化策略

随着人们生活水平的不断提高，对农产品品质的要求越来越高，优质优价正成为新的消费动向。要实现农业高效，必须实现农产品优质，实行“优质优价”高产高效策略。把引进、选育和推广优质农产品作为抢占市场的一项重要的产品市场营销策略。淘汰劣质品种和落后生产技术，以质取胜，以优发财。

2. 低成本化策略

价格是市场竞争的法宝，同品质的农产品价格低的，竞争力就强。生产成本是价格的基础，只有降低成本，才能使价格竞争的策略得以实施。要增强市场竞争力，必须实行“低成本、低价格”策略。加大领先新技术、新品种、新工艺、新机械、减少生产费用投入，提高产出率；要实行农产品的规模化，集约化经营，努力降低单位产品的生产成本，以低成本支持低价格，求得经济效益。

3. 大市场化策略

农产品销售要立足本地，关注身边市场，着眼国内外大市场，寻求销售空间，开辟空白市场，抢占大额市场。开拓农产品市场，要树立大市场观念，实行产品市场营销策略，定准自己产品销售地域，按照销售地的消费习性，生产适销对路的产品。

4. 多品种化策略

农产品消费需求的多样化决定了生产品种的多样化，一个产品不仅要有多种品质，而且要有多种规格。要根据市场需求和客户要求，生产适销对路的各种规格的产品。实行“多品种、多规格、小批量、大规模”策略，满足多层次的消费需求，开发全方位的市场，化解市场风险，提高综合效益。

5. 反季节化策略

因农产品生产的季节性与市场需求的均衡性的矛盾带来的季节差价，蕴藏着巨大的商机。要开发和利用好这一商机，关键是要实行“反季节供给高差价赚取”策略。实行反季节供给，主要有 3 条途径：一是实行设施化种养，使产品提前上市；二是通过储藏保鲜，延长农产品销售期，变生产旺季销售为生产淡季销售或消费旺季销售；三是开发适应不同季节生产的品种，实行多品种错季生产上市。实施产品市场营销策略。要在分析预测市场预期价格的基础上，搞好投入—产出效益分析，争取好的收益。

6. 嫩乳化策略

人们的消费习惯正在悄悄变化，粮食当蔬菜吃，黄豆要吃青毛豆，蚕豆要吃青蚕豆，猪要吃乳猪，鸡要吃仔鸡，市场出现崇高嫩鲜食品的新潮。农产品产销应适应这一变化趋向，这方面发展潜力很大。

7. 土特化策略

近年来，人们的消费需求从盲目崇洋转向崇尚自然野味。热衷土特产品，蔬菜要吃野菜，市场要求搞好地方传统土特产品的开发，发展品质优良特产。风味独特的土特产品，发展野生动物。野生蔬菜，以特优质产品抢占市场，开拓市场，不断适应变化着的市场需求。

8. 加工化策略

发展农产品加工，既是满足产品市场营销的需要，也是提高农产品附加值的需要，发展以食品工业为主的农产品加工是世界农业发展的新方向、新潮流。世界发达国家农产品的加工品占其生产总量的90%，加工后增值2~3倍；我国加工品只占其总量的25%，增值25%，我国农产品加工潜力巨大。

9. 标准化策略

我国农产品在国内外市场上面临着国外农产品的强大竞争，为了提高竞争力，必须加快建立农业标准化体系，实行农产品的标准化生产经营。制定完善一批农产品产前、产中、产后的标准，形成农产品的标准化体系，以标准化的农产品争创名牌，抢占市场。

10. 名片化策略

一是要提高质量，提升农产品的品位，以质创牌；二是要搞好包装，美化农产品的外表，以面树牌；三是开展农产品的商标注册，叫响品牌名牌，以名创牌；四是加大宣传，树立公众形象，以势创牌。要以名牌产品开拓市场。

# 第六章　提升农民创业意识

## 一、把握市场脉搏

农产品生产有很强的周期性、季节性，很容易出现“多了或少了”的情况。因此，需要进行市场调查，分析农产品的市场信息，准确把握市场脉搏。

(一) 进行市场调查

凡是直接影响农产品市场经营活动的资料，都应该收集整理，凡是有关农产品经营活动的信息，都应该调查研究。一般来说，农产品市场调查的内容主要包括以下 4 个方面。

1. 市场环境调查

在开展经营活动之前，在准备进入一个新开拓的市场时，要对市场环境进行调查研究。市场环境主要内容如下。

(1) 经济环境。经济环境主要包括地区经济发展状况、产业结构状况、交通运输条件等。经济环境是制约农业生存和发展的重要因素，了解本地区市场范围内的经济环境信息，能够扬长避短，发挥经营优势并进行经营战略决策提供重要依据。

(2) 自然地理环境和社会文化环境。农业生产具有自然性，其产品生产和经营受气候季节、自然条件的制约尤为突出。另外，有些产品生产与经营还将受到当地生活传统、文化习惯和社会风尚等社会文化条件的影响。

(3) 竞争环境。竞争环境调查就是对农产品竞争对手的调查研究。调查竞争对手的经营情况和市场优势，目的是采取正确的竞争策略，与竞争对手避免正面冲突、重复经营，而在经营的品种、档次及目标市场上有所区别，形成良好的互补经营结构。

2. 消费者调查

农产品生产面对的主要是消费者市场。消费者市场是由最活跃，也是最复杂多变的消费者群体构成的。销售活动没有消费者参与就不能最终实现产品流通的全过程，因此，在市场调查中应将消费者作为调查的重点内容。

消费者调查的主要内容如下。

（1）消费者规模及其构成。具体包括消费者人口总数、人口分布、人口年龄结构、性别构成、文化程度等。

（2）消费者家庭状况和购买模式。具体包括家庭户数和户均人口、家庭收支比例和家庭购买模式（家庭中的不同角色承担着不同的购买决策职责）。家庭是基本的消费单位，许多商品都是以家庭为单位进行消费的。了解消费者的家庭状况，就可以掌握相应产品的消费特点。

（3）消费者的购买动机。消费者的购买动机一般而言主要有求实用、求新颖、求廉价、求方便、求名牌、从众购买等。在调查消费者的各种购买动机时需要注意，消费者的购买动机是非常复杂的，有时真正动机可能会被假象掩盖，调查应抓住其主要的、起主导作用的动机。

3. 产品调查

产品是农业经营活动的主体，通过产品调查，可以及时根据市场变化，调整农产品经营结构，减少资金占用，提高经济效益。

产品调查主要内容如下。

（1）了解本产品质量情况，防止伪劣产品进入市场，同时，还可以考察经营的产品品种型号是否齐全、货色是否适销对路、存储结构是否合理、选择的产品流转路线是否科学合理等。

（2）产品的市场生命周期。任何一种产品进入市场，都有一个产生、发展、普及、衰亡的过程，即产品的经济生命周期。在市场调查中，要理解自己的产品处于其市场生命周期的哪个阶段，以便按照产品生命周期规律，及时调整经营策略，改变营销重点，取得经营上的主动权，立足于市场竞争的不败之地。

（3）产品成本、价格。通过对市场上类似产品价格变动情况的调查，可以了解价格变动对产品销售量影响的准确信息，从而对市场变化做到心中有数，继续做好产品销售。

4. 流通渠道调查

农产品要实现其价值，必须从生产领域进入流通领域。

流通渠道调查的内容很多，按照流通环节划分，主要内容如下。

（1）批发市场。如果经营批发业务，首先把产品从生产领域引入流通领域，沟通了产销之间、城乡之间、地区之间的产品流通。在调查中要了解批发市场的信息，研究产品流通规律。

（2）零售市场。调查零售市场是改进农产品经营管理、了解消费者需求的重要方面。特别是近年来发展迅猛的超市零售业，往往第一时间反映了消费者需求状况。

（3）生产者自销市场和农贸市场。在调查中应重点掌握自销和农贸市场产品交易额、交易种类、品种比重等方面信息，以分析其对市场主渠道的影响。

（二）利用信息平台分析市场信息

为了广大农业生产经营主体提供看得懂、用得上的信息，尽可能帮助农民群众根据市场需求做好生产经营决策。由农业部主办的中国农业信息网（http：//www. agri. cn）从2017年1月起，在前期工作基础上，系统整合农产品市场分析预警产品，持续开展农产品市场信息权威发布，一是每日发布“农产品批发价格200指数”及重点监测的鲜活农产品批发市场价格；二是每周发布包括“农产品批发价格200指数”及重点监测的鲜活农产品批发市场价格、国际大宗农产品价格；三是每月发布包括玉米、大豆、棉花、食用植物油、食糖5个品种的供需平衡表，水稻、小麦、玉米、大豆、生猪等19个品种的供需形势分析月报和“农产品批发价格200指数”。

“中国农民经纪人网”网站上有“农产品信息”“供求信息”“进出口信息”以及26个不同类别的“交易平台”等栏目，这个网站上面还有很多与农产品经纪人有关的专门的知识介绍，值得农民朋友去看看。有时信息是矛盾的，这是因为地域、时间、气候和其他未知因素的影响造成的。当然也会有虚假信息，所以，要学会分析和判断，并作出正确的决策。

## 二、树立创新意识

### （一）创新的含义

创新是以现有的思维模式提出有别于常规思路的见解为导向，利用现有的知识和物质，在特定的环境中，本着理想化需要或者为满足社会需求而改进或创造新的事物、方法、元素、路径、环境，并能获得一定有益效果的行为。具体来说，创新是指人为了一定的目的，遵循事物发展的规律，对事物的整体或其中的某些部分进行变革，从而使其得以更新与发展的活动。

关于创新的标准，通常有狭义与广义之分。狭义的创新是指提供独创的、前所未有的、具有科学价值和社会意义的产物的活动。例如，科学上的发现、技术上的发明、文学艺术上的创作、政治理论上的突破等。广义的创新是对本人来说提供新颖的、前所未有的产物的活动。也就是说，一个人对问题的解决是否属于创新性的。不在于这一问题及其解决办法是否曾有别人提出过，而在于对他本人来说是不是新颖的。

具体来说，创新主要包括以下4种情况。

(1) 从生物学角度来看。创新是人类生命体内自我更新、自我进化的自然天性。生命体内的新陈代谢是生命的本质属性。生命的缓慢进化就是生命自身创新的结果。

(2) 从心理学角度来看。创新是人类心理特有的天性。探究未知是人类心理的自然属性。反思自我、诉求生命、考问价值是人类客观的主观能动性的反映。

(3) 从社会学角度来看。创新是人类自身存在与发展的客观要求。人类要生存就必然向自然界索取需要，人类要发展就必须把思维的触角伸向明天。

(4) 从人与自然关系角度来看。创新是人类与自然交互作用的必然结果。

(二) 创新的主要特征

创新既是由人、新成果、实施过程、更高效益 4 个要素构成的综合过程，也是创新主体为实现某种目的所进行的创造性的活动。它的主要特征包括以下几个方面。

1. 创造性

创新与创造发明密切相关，无论是一项创新的技术、一件创新的产品、一个创新的构思或一种创新的组合，都包含有创造发明的内容。创新的创造性主要体现在组织活动的方式、方法以及组织机构、制度与管理方式上。其特点是打破常规、探索规律、敢走新路、勇于探索。其本质属性是敢于进行新的尝试，包括新的设想、新的试验等。

2. 目的性

人类的创新活动是一种有特定目的的生产实践。例如，科学家进行纳米材料的研究，目的在于发现纳米世界的奥秘，提高认识纳米材料性能的能力，促进材料工业的发展，提高人类改造自然的能力。

3. 价值性

价值是客体满足主体需要的属性，是主体根据自身需要对客体所作的评价。创新就是运用知识与技术获得更大的绩效，创造更高的价值与满足感。创新的目的性使创新活动必然有自己的价值取向。创新活动源于社会实践，又向社会提供新的贡献。创新从根本上说应该是有价值的，否则，就不是创新。创新活动的成果满足主体需要的程度越大，其价值就越大。一般来说，有社会价值的成果，将有利于社会的进步。

4. 新颖性

新颖性，简单理解就是“前所未有”。创新的产品或思想无一例外是新的环境条件下的新的成果，是人们以往没有经历体验过、没有得到使用过、没有贯彻实施过的东西。

用新颖性来判断劳动成果是否是创新成果时有两种情况：一是主体能产生出前所未有成果的特点。科学史上的原创性成果，大多属于这一类。这是真正高水平的创新；二是指创新主体能产生出相对于另外的创新主体来说具有新思想的特点。例如，相对于现实的个人来说，只要他产生的设想和成果是自身历史上前所未有的，同时，又不是按照书本或别人教的方法产生的，而是自己独立思考或研究成功的成果，就算是相对新颖的创新。两者没有明显的界线，只有一条模糊的边界。

5. 风险性

由于人们受所掌握的信息的制约和对有关客观规律的不完全了解，人们不可能完全准确地预测未来，也不可能随心所欲地左右未来客观环境的变化和发展趋势，这就使任何一项改革创新都具有很大的风险性。

（三）农业创新的思路

创新是推动农业现代化可持续发展，缩小城乡经济差距，实现乡村振兴的重要途径，是党的十九大提出解决农村发展问题的战略决策。创新需要有充分的准备，需要对现有条件进行综合利用。在此之前，先要有自己的完整思路，接着克服具体问题，并始终朝向创新的方向进行。

创新要分清楚层次，为了创新而创新，肯定无处下手。在创新之前，需要明白自己手里有什么优势。例如，拥有完整的资源体系和成熟的管理模式，那么可以尝试大而全的模式；如果有新点子，但缺乏资金支持，可以做成小而美的模式。尺有所短寸有所长，先找到最适合自己的发展路径，再努力，才更牢靠。

单打独斗，有各种限制，现在咱们需要思考的是，如何借助外力。通常而言，国家各种扶持补贴政策能够带来很大的外力协助，除此之外，资本市场也是一股重要力量。农业的天然特点就是资金需求大，回报周期长，利润率并不高，而金融的作用之一刚好就是用资金换时间，让投入和收益更加平稳。只要外部支持合法合规，有利发展，不妨积极尝试。

农业内部的生产方式这些年来也在不断地改进。随着农地流转的规模扩大，适度规模化经营越来越常见，农民合作社这样的组织也肯定会扮演更加重要的角色。农业组织，农业企业这样的农业生产主体让农业发展有更多的动力来源，参加相关机构，或者和企业合作，可以作为创新的快车道，借助现有平台、现有模式来探索新的可能性，可以明显提升创业起点。

跨界，是这几年兴起的一个新词汇，对于农业创新来说，这个词也非常关键。例如，农业电商，其实就是农业和电子商务跨界互通的结果，而褚橙、柳桃、潘苹果这样的农产品品牌，也是全新商业模式和传统农业的结合。休闲农业，都市农场等模式，都是各种商业模式的跨界联合。这样的例子可以找到很多，所以，跨界是农业创新的一种直观而有效的做法。

## 三、进行科学创业

(一) 创业和创业素养

1. 创业的含义

通常意义上，创业是人类社会生活中一项最能体现人的主体性的社会实践活动。它是一种劳动方式，是一种需要创业者组织、运用服务、技术、器物作业的思考、推理、判断的行为。创业有广义和狭义之分。广义的创业，是指社会生活各个领域里的人们为开创新的事业所从事的社会实践活动，其突出强调的是主体在能动性的社会实践中所体现的一种特定的精神、能力和行为方式。狭义的创业是一个经济学的范畴，是指主体以创造价值和就业机会为目的，通过组建一定的企业组织形式，为社会提供产品服务的经济活动。

2. 创业素养的结构

创业素养就是创业行动和创业任务所需要的全部主体要素的总和。具体而言，主要包括以下 4 个方面。

(1) 创业意识结构。创业意识是指在创业实践活动中对个体起动力作用的个性心理倾向，包括创业需要、创业动机、创业兴趣、创业理想、创业信念等。其中，创业需要和创业动机是创业行为实践的内驱力，是进行创业的前提和基础，创业兴趣是对从事创业实践活动表现出来的积极情感和态度定向，创业理想是个体对创业活动未来奋斗目标的持久向往和追求。创业兴趣和创业理想是创业意识形成的中间环节。创业信念是体在创业实践中表现出的一种对创业活动坚信不疑、坚守到底、不畏艰难的心理倾向。创业信念的形成是创业者创业精神的集中体现，同时，也是创业意识结构中最核心和最关键的要素。

(2) 创业社会知识结构。它是指在创业实践活动过程中个体应具有的知识系统及其构成。创业知识是个体在社会实践中积累起来的创业理论和创业经验，是个体创业素质的基础要素。创业知识主要涉及经营管理、法律、工商、税收、保险等知识以及其他社会综合知识。创业的过程本身就是一个学习的过程，创业知识结构的完善和丰富需要个体边实践、边学习、边提高，这一过程也是一个终身学习的过程。

（3）创业技能结构。国际劳动组织对创业技能做了如下界定："创业和自我谋职技能……包括培养工作中的创业态度，培养创造性和革新能力，把握机遇与创造机遇的能力，对承担风险进行计算，懂得一些公司的经营理念，例如，生产力、成本以及自我谋职的技能等。"根据这一界定，我们可以将创业实践活动所需的技能主要分为组织管理能力、开拓创新能力、风险评估与承担能力，其中，开拓创新能力是在创业技能结构中最为重要的部分，也是创业素质构成中核心内容。因为创业意味着突破资源限制，创造新的机会，而其中的原动力就来源于创新。开拓创新能力的强弱是衡量创业素质高低的重要指标，也是学校在学生创业素质培养中应着重加强的重要内容。

（4）创业品质结构。它是指个体在创业实践中将对创业活动的坚定信念和执著精神，演化为其内在的相对稳定的价值观念，并凝聚为其内在的个性特征和道德品质。这种创业品质既包含对个体创业实践活动的心理和行为起调节作用的个性心理品质，也包括个体所彰显的以创业精神为核心内容的创业道德品质。当个体创业社会知识结构得到丰富，创业技能得到提升，创业意识有所提高时，个体创业素质也得到发展。美国百森商学院的杰弗里·蒂蒙斯认为，真正意义上的创业教育应当着眼于"为未来的几代人设定'创业遗传密码'，以造就最具革命性的创业一代作为其基本价值取向。这里所称的遗传密码，就是指以创业精神为内在表现的创业品质的传承问题，它也是评价创业素质教育成功与否的关键环节。

3. 创业者应具备的素质

创业是具有挑战的社会活动，是对创业者自身的智慧，能力、气魄、胆识的全方位考验。一个人要想获得创业的成功，必须具备基本创业素质。

（1）强烈的创业意识。有了创业必备知识并不等于创业能成功，创业成功的因素很多，因素之一就是要有强烈的创业意识。俗话说，一切靠自己。这就要求创业者挖掘自己大脑的潜力，对创业产生强烈欲望，形成强烈的思维定式，营造创业的氛围，积极为创业创造条件。

（2）自信、自强、自主、自立的创业精神。自信心是一个人相信自己的能力的心理状态，自信心关系着一个人的成功与否，没有自信心是很难成功的。创业者要认真学习“潜能教育理论”和“成功教育理论”，培养和坚固自己创业的自信心，最大限度地挖掘和发挥潜能，成就自我，享受人生。创业者还要有自强、自主、自立精神，要通过多种形式学习创业成功者的优秀品质，深刻领会他们在创业过程中经历的风险。

（3）竞争意识。天地万物无不生存在竞争之中，是生存的竞争促进了生物的进化，是残酷的发展竞争孕育了现代社会的文明。人类正是在生存竞争之中学会了制造使用工具，不断丰富发展了自己的大脑。没有竞争就没有发展，没有竞争就没有进步，没有竞争就没有优胜劣汰。

（4）强烈的责任意识。没有责任感的员工不是优秀的员工。创业者要将责任根植于内心，让它成为脑海中一种强烈的意识，在日常行为和工作中，这种责任意识会使创业者表现得更加卓越。责任感是由许多小事构成的，但是最基本的是做事成熟，无论多小的事，都能比以往任何人做得更好。对自己的慈悲就是对责任的侵害，必须去战胜它。创业者要立下决心，勇于承担责任。

(5) 决策能力。决策能力是创业者根据主客观条件，正确地确定创业的发展方向、目标、战略以及具体选择实施方案的能力。决策是一个人综合能力的表现，一个创业者首先要成为一个决策者。创业者要考察众多的行业及产品，对创业的行业及产品进行分析、判断，去粗取精，去伪存真，由此及彼，由表及里，能从错综复杂的现象中发现事物的本质，找出存在的问题，分析原因，从而正确解决问题。这就要求创业者具有良好的分析能力，同时还要有判断能力。判断是分析的目的，良好的决策能力是良好的分析能力和果断的判断能力的综合。通过分析判断，提出目前最有发展前景和将来大有发展潜力的行业，决定创业的行业和产品。

(6) 经营管理能力。经营管理能力涉及人员的选择、使用、组合和优化，也涉及资金聚集、核算、分配、使用、流动。经营管理能力是一种较高层次的综合能力，是运筹性能力。经营管理能力的形成要从学会经营、学会管理、学会用人、学会理财几个方面去努力。

(二) 农民的创业路径

1. 紧抓农业创业机遇

中国是一个农业大国。所谓“三农”问题，是指农业、农村、农民这三大问题。“三农”问题的解决必须考虑农业自身的体系化发展，还必须考虑三大产业之间的协调发展。“三农”问题的解决关系重大，不仅是农民朋友的期盼，也是目前党和政府关注的大事。

近年来，中央“1 号文件”都锁定在“三农”问题上。按照“坚持以人为本，加强农业基础，增加农民收入，保护农民利益，促进农村和谐”的目标和取向，利用好农业政策平台是农业创业者必走的“捷径”。其特点是操作性强，导向明确，重点突出，受益面大。在这个情况下，农业创业者则面临着前所未有的政策机遇，这些优惠的农业政策为农业创业者进行创业，提供了良好的创业机会。

2. 正确选择农业创业项目

了解了农业创业的优势后，创业者在创业时要做的第一件事情就是要选择做什么行业，或者是打算办什么样的企业，如在土地里选择种植什么、池塘里选择养殖什么、利用农产品原料加工成什么新产品、为农业生产提供什么服务等，也就是要选择农业创业项目，这是创业者在创业道路上迈出的至关重要的第一步。在选择农业创业项目时，应注意以下方面。

（1）选择国家鼓励发展、有资金扶持的行业。这是选择好项目的先决条件。因为国家鼓励的行业都是前景好、市场需求大、加上资金扶持，较易成功。如现代农业、特色农业正是我国政府鼓励发展的行业。

（2）选择竞争小、易成功的项目。创业之初，资金、技术、经验、市场等各方面条件都不是很好时，如选择大家都认为挣钱而导致竞争十分激烈的项目，则往往还没等到机会成长就被别人排挤掉了。成功的第一个法则就是避免激烈的竞争。

目前，人们的传统赚钱思路还在于开工厂、搞贸易上，因而关注、认识农业的人很少、竞争很小，只要投入少量的资金即可发展，有一定的经商经验及文化水平的人去搞农业项目，在管理、技术及学习能力上都具有优势。比现在从事农业生产的农民群体更容易成功。

（3）产品符合社会发展的潮流。社会在发展，市场也在变化，选择项目的产品应符合整个社会发展的潮流，这样产品需求会旺盛。目前我国的农产品价格还处于较低的价位，随着经济和生活水平的不断提高，人们对绿色食品、有机食品的需求会越来越大，产品价格也会逐步走高，上升空间大，经营这些项目较易成功。

（4）技术要求相对简单，资金回笼快。对于中小投资者而言，除了资金回笼快、周期短，同时，项目成功的因素还取决于其技术的难易程度，这也是保证项目实施顺利、投资安全的因素，因此，选择技术要求相对简单的种植、养殖加工项目风险较小。

（5）良好的商业模式。商业模式是企业的赚钱秘诀。好的商业经营模式可以提供最先进的生产技术和高效的管理技术以及企业运营良好方案，这样可省去自己摸索学习的代价，能最快、最好、稳妥地产生效益。

3. 制定创业计划

在寻找到创业项目之后，形成一份创业计划书是必不可少的。因为有创业项目后，还必须考虑合适的创业模式、恰当的人员组合和良好的创业环境。制订创业计划，就是使创业者在选定创业项目、确定创业模式之前，明确创业经营思想，考虑创业的目的和手段，为创业者提供指导准则和决策依据。

创业计划是创业者在初创企业成立之前就已经准备好的一份书面计划，用来描述创办一个新的风险企业时所有的内部和外部要素。创业计划通常是各项职能如市场营销计划、生产和销售计划、财务计划、人力资源计划等的集成，同时，也提出创业的头3年内所有长期和短期决策制定的方针。

创业计划也是对企业进行宣传和包装的文件，它向风险投资企业、银行、供应商等外部相关组织宣传企业及其经营方式；同时，又为企业未来的经营管理提供必要的分析基础和衡量标准。在过去，创业计划单纯地面向投资者；而现在，创业计划成为企业向外部推销自己的工具和企业对内部加强管理的依据。

4. 实施创业计划

通过策划和调研，真正确定了创业的项目，制定了创业计划书，开始实施创业计划时，你必须对创业规模、组织方式、组织机构、经营方式等方面作出决策，这将涉及一系列具体的问题，包括资金筹措、人员组合、场地选择、手续办理等。

(三) 农民创业能力的提升

1. 提高农民的文化科学素养，增强农民就业创业能力

各级政府和有关部门务必把农民教育培训作为培育新农民、保稳定、促增长、促和谐的一件大事来抓，大规模地开展农民技能培训，努力使走出去的农民具备较强的务工技能，留下的农民掌握先进适用的农业技术，搞创业的农民掌握一定的经营管理知识。

2. 开展农民培训，提高创业科技含量

结合现代农业发展需要和新农村建设的要求，以现代农业科技培训为主，加大现代信息技术、生物技术等培训力度，通过实施农民知识化工程，开展送科技下乡等方式，把技术、信息等送到农民手中，培养造就农业科技带头人，引导、推动农民“科学创业”“科技兴业”。

3. 整合教育资源，培育新型务工农民（产业农民）

一是把思想品德教育和职业道德教育作为即将走向社会的初、高中毕业生的必修课程进行学习和培训。二是以职业技校为阵地，依托“阳光工程”“绿色证书”等载体对农村劳务输出人员进行务工技能实践培训。三是以企业为载体，开展与主导产业相关的农民实用技术培训和与企业用工相关的职业技能培训，做到“谁招工谁培训、谁培训谁录用”。四是将新型农民培育与社会自主办学有机地结合起来。一方面由学校出“菜单”，根据市场需求有针对性地开展各类实用开展各类实用培训，免费推荐其就业；另一方面由用人单位下“订单”，满足企业用工需求，增加农民就业机会。

4. 调整培训方向，促进创业项目孵化

按照试点先行、点面结合分散创业与集中创业相结合的方

式，抓好创业农民培训后的扶持工作，立足资源禀赋和区位特点，面向市场需求，对有优势、有特色的创业项目进行产业孵化，并引导资金、政策、人才等资源向其倾斜，以提升农民创业能力，提高创业成功率，促进社会和谐，为社会创造更多的财富，推动经济社会又好又快发展。

## 四、创建农业品牌

在农产品消费市场日趋细分，人们对食品安全问题越来越重视的今天，消费者对品牌的认同和依赖感越来越强。没有品牌的农产品即使质量再好，也难以卖出好价钱。因此，新型职业农民提升品牌建设能力非常重要。

### （一）品牌的含义

农产品品牌是附着在农产品上的某些独特的标记符号，代表了品牌拥有者与消费者之间的关系性契约，向消费者传达农产品信息集合和承诺。广义农产品品牌由质量标志、种质标志、集体标志和狭义品牌构成。狭义农产品品牌是指农业生产者申请注册的产品、服务标志。而商标指的是符号性的识别标记。品牌所涵盖的领域，必须包括商誉、产品、企业文化以及整体营运的管理，品牌不单包括“名称”“徽标”，还扩及系列的平面视觉识别系统，甚至立体视觉识别系统，它不是单薄的象征，而是一个企业竞争力的总和。品牌最持久的含义和实质是其价值、文化和个性；品牌是企业长期努力经营的结果，代表企业的无形资产。品牌由农产品生产经营企业创立，依靠知识产权保护和市场化运作发生作用，在国内外农产品市场上逐渐成为竞争的主旋律。为了在国内外市场上提升农产品的竞争力，实施农产品品牌战略是现代农业发展的必然选择。

品牌对消费者的价值主要体现为：品牌是存在于心目中的一种形象，这种形象来自对商品或服务的各种感知；品牌对生产者的价值：因为消费者的优先选择和持续选择，可以使生产者降低产品推介成本，增加利润，促进企业或农户永续发展；品牌对于地方政府的价值则体现为地区名片，能够辐射带动区域发展和农村振兴，提升地区竞争力和国际化水平。

（二）农业品牌形成的基础

农产品是人类赖以生存的主要商品，也是质量隐蔽性很强的商品，需要利用品牌进行产品质量特征的集中表达和保护。农业品牌战略是通过品牌实力的积累，塑造良好的品牌形象，从而建立顾客忠诚度，形成品牌优势，再通过品牌优势的维持与强化，最终实现创立农业品牌与发展品牌。

（1）品种不同。不同的农产品品种，其品质有很大差异，主要表现在营养、色泽、风味、香气、外观和口感上，这些直接影响消费者的需求偏好。品种间这种差异越大，就越容易使品种以品牌的形式进入市场并得到消费者认可。

（2）生产区域不同。“橘生淮南则为橘，生于淮北则为枳。”许多农产品即使种类相同，其产地不同也会形成不同特色，因为农产品的生产有最佳的区域。不同区域的地理环境、土质、温湿度、日照、土壤、气候、灌溉水质等条件的差异，都直接影响农产品品质的形成。

（3）生产方式不同。不同农产品的来源和生产方式也影响农产品的品质。野生动物和人工饲养的动物在品质、营养、口味等方面就有很大的差异；自然放养和圈养的品质差别也很大；灌溉、修剪、嫁接、生物激素等的应用，也会造成农产品品质的差异。采用有机农业方式生产的农产品品质比较好，而采用无机农业生产方式生产的农产品品质较差。

（三）农业品牌建设

农业品牌建设是一项系统工程，一般要注重以下几个方面。

（1）农业品牌建设内容主要包括质量满意度、价格适中度、信誉联想度和产品知名度等。质量满意度主要包括质量标志、集体标志、外观形象和口感等要素。价格适中度主要包括定价适中度、调价适中度等。信誉联想度包括信用度、联想度、企业责任感、企业家形象等要素。产品知名度则体现为提及知名度、未提及知名度、市场占有率等。

（2）农业品牌建设是一个长期、全方位努力的过程，一般包括规划、创立、培育和扩张四个环节。品牌规划主要是通过经营环境的分析，确定产品选择，明确目标市场和品牌定位，制定品牌建设目标。品牌创立主要包括品牌识别系统设计、品牌注册、品牌产品上市和品牌文化内涵的确定等。品牌培育主要内容包括质量满意度、价格适中度、信誉联想度和产品知名度的提升。品牌扩张包括品牌保护、品牌延伸、品牌连锁经营和品牌国际化等。

# 第七章　增强农业农村安全常识

## 一、常用法律法规常识

（一）农民应具备的法律知识

1. 农业基本法规

农业基本法规主要有《中华人民共和国农业法》，包括 13 章内容，即总则、农业生产经营体制、农业生产、农产品流通与加工、农业投入与支持保护、农业科技与农业教育、农民权益保护、农村经济发展、执法监督、附则。《中华人民共和国农业法》体现了“确保基础地位，增加农民收入”的总体精神，对保障农业在国民经济中的基础地位，发展农村社会主义市场经济，维护农业生产经营组织和农业劳动者的合法权益，促进农业的持续、稳定、协调发展，实现农业现代化，起到了重要的作用。

2. 农业资源和环境保护法

农业资源和环境保护法包括《中华人民共和国土地管理法》《中华人民共和国森林法》《中华人民共和国草原法》《中华人民共和国渔业法》《中华人民共和国水法》《中华人民共和国水土保持法》《中华人民共和国水污染防治法》《中华人民共和国野生动物保护法》《中华人民共和国防沙治沙法》等法律以及《基本农田保护条例》《草原防火条例》《中华人民共和国水产资源繁殖保护条例》《中华人民共和国野生植物保护条例》《森林采伐更新管理办法》《野生药材资源保护管理条例》《森林防火条

例》《森林病虫害防治条例》《中华人民共和国陆生野生动物保护实施条例》等行政法规。

3. 促使农业科研成果和实用技术转化的法律

促进农业科研成果和实用技术转化的法律包括《中华人民共和国农业技术推广法》《中华人民共和国植物新品种保护条例》《中华人民共和国促进科技成果转化法》等法律及行政法规。

4. 保障农业生产安全方面的法律

保障农业生产安全方面的法律包括《中华人民共和国防洪法》《中华人民共和国气象法》《中华人民共和国动物防疫法》《中华人民共和国进出境动植物检疫法》等法律，以及《农业转基因生物安全管理条例》《水库大坝安全管理条例》《中华人民共和国防汛条例》《蓄滞洪区运用补偿暂行办法》等行政法规。

5. 保护和合理利用种质资源方面的法律

保护和合理利用种质资源方面的法律包括《中华人民共和国种子法》《种畜禽管理条例》《农药管理条例》《兽药管理条例》《饲料和饲料添加剂管理条例》等。

6. 规范农业生产经营方面的法律

规范农业生产经营方面的法律包括《中华人民共和国农村土地承包法》《中华人民共和国乡镇企业法》《中华人民共和国乡村集体所有制企业条例》《中华人民共和国农民专业合作社法》等。

7. 规范农产品流通和市场交易方面的法律

规范农产品流通和市场交易方面的法律包括《粮食收购条例》《棉花质量监督管理条例》《粮食购销违法行为处罚办法》等行政法规。

8. 保护农民合法权益的法律

为保护农民合法权益制定了《中华人民共和国村民委员会

组织法》《中华人民共和国耕地占用税暂行条例》。

9. 宪法

《中华人民共和国宪法》（以下简称《宪法》）是国家的根本法，它规定了国家的根本制度和根本任务，具有最高的法律效力。

全国各族人民、一切国家机关和武装力量、各政党和各社会团体、各企业事业组织，都必须以宪法为根本的活动准则，并负有维护宪法尊严、保证宪法实施的职责。一切法律、行政法规、地方性法规都不得同宪法相抵触。制定法律、法规、地方性法规都必须以宪法为依据和基础。

10. 婚姻法

婚姻法是调整婚姻家庭关系的基本准则。根据婚姻法最新司法解释调整的《中华人民共和国婚姻法》共 6 章，包括结婚、家庭关系、离婚、家暴遗弃救助措施与法律责任等内容，共 51 条。调整的范围既包括婚姻关系，又包括家庭关系；既有婚姻家庭关系的发生、变更和终止，也有婚姻家庭关系主体间的权利义务。

（二）增强法律意识

法律意识是社会意识的一种形式，是人们的法律观念、法律知识和法律情感的总和，其内容包括对法的本质、作用的看法，对现行法律的要求和态度，对法律的评价和解释，对自己权利和义务的认识，对某种行为是否合法的评价，关于法律现象的知识以及法制观念等。

法律意识一般由法律心理、法律观念、法律理论、法律信仰等要素整合构建，其中，法律信仰是法律意识的最高层次。良好的公民法律意识能驱动公民积极守法。公民只有具有了良好的法律意识，才能使守法由国家力量的外在强制转化为公民对法律的权威以及法律所内含的价值要素的认同，从而就会严格依照法律行使自己享有的权利和履行自己应尽的义务；就会充分尊重他人合法、合理的权利和自由；就会积极寻求法律途径解决纠纷和争议，自觉运用法律武器维护自己的合法权利和利益；就会主动抵制破坏法律和秩序的行为。

另外，良好的公民法律意识能驱动公民理性守法，实现法治目标。理性守法来自以法律理念为基础的理性法律情感和理性法律认知。

我国是一个农业大国，农村人口占总人口的50%以上，他们的法律意识得不到提高，其他人和法律工作者的法律意识提得再高也不能根本提升我国的法治水平。依法治国的关键在于形成一个良好的法治环境，而一个良好的法治环境的基础少不了生活在其中的民众具备一定程度的法律意识，这是基础中的基础。目前我国农民的法律意识还普遍比较薄弱，依法治国要取得进一步的成就，必须加强农民的法律意识建设。

（三）依法办事的能力

依法办事的能力是指农民所具有的运用法律来规范和指导单位或个人的行为，解决矛盾和冲突，维护合法权益，追究违法行为的法律责任的能力。依法办事是人类政治文明和社会进步的基本标志，是与时俱进、创新发展的客观趋势，是贯彻依法治国方略的具体举措。

加强法律学习，严格执法实践。学法知法懂法，是提高依法办事能力的基础和前提，每个农民都必须加强法律知识的学习，深刻理解法治精神，从法理上把握法律规定，做到知法、懂法。要把宪法作为一门必修课，通过学习，掌握我国法律体系的总纲，理解我国法律的基本原则和精髓。同时，要结合各自的工作，学习通晓一些履行职责所必需的法律法规，提高法律素养。要在系统学习的基础上，通过严格的技法实践，提高依法办事的能力与自觉性。要切实加强实际运用和实践锻炼，把学到的法律知识转化为规范和指导工作的实际能力，转化为维护公民和法人合法权益的实际能力。

总之，农民的法律素质是农民掌握法律知识、增强法律意识、遵守法律规范和运用法律能力的高度统一和综合体现。

## 二、农业机械使用安全常识

（一）安全使用要求

在使用农业机械之前，必须认真阅读柴油机和农业机械使用说明书，牢记正确的操作和作业方法。

充分理解警告标签，经常保持标签整洁，如有破损、遗失，必须重新订购并粘贴。

农业机械使用人员，必须经专门培训，取得驾驶操作证后，方可使用农业机械。

严禁身体感觉不适、疲劳、睡眠不足、酒后、孕妇、色盲、精神不正常及未满 18 岁的人员操作机械。在驾驶的正常情况下，驾驶员的反应时间为 0.6～0.9 秒，而酒后的反应时间为 1.5～2.0 秒，也就是说，酒后驾车十分危险。因此，严禁酒后驾驶操作。

驾驶员、农机操作者应穿着符合劳动保护要求的服装，禁止穿凉鞋、拖鞋，禁止穿宽松或袖口不能扣上的衣服，以免被旋转部件缠绕，造成伤害。

除驾驶员外严禁搭乘他人，座位必须固定牢靠。农机具上没有座位的严禁坐人。

在作业、检查和维修时不要让儿童靠近机器，以免造成危险。

不得擅自改装农业机械，以免造成机器性能降低、机器损坏或人身伤害。

不得随意调整液压系统安全阀的开启压力。

农业机械不得超载、超负荷使用，以免机件过载，造成损坏。

起步前查看周围情况，鸣号起步，拖拉机驾驶员必须养成起步前仔细查看周围情况，鸣号起步的良好习惯。

牵引架上不站人，挡泥板上不坐人。拖拉机行驶时，牵引架处和挡泥板摇晃得最厉害，既摆动，又颠簸，根本不能站稳，很容易跌落。

（二）安全行驶要求

不要在前、后、左、右超过10°的倾斜地面上行驶。

在坡地和倾斜地面上不能转弯。

农业机械在坡上起步时，不松开制动器，先踩下离合器踏板，挂入低挡再缓慢接合离合器，待开始传动后再放松制动器，同时注意油门的配合控制。

农业机械出入机库，上下坡，过桥梁、城镇、村庄、涵洞、渡口、弯道及狭窄地段时，要低速行驶。事先了解桥梁的负荷限度、涵洞的高度及宽度、坡度的大小及渡船的限重等事项，确保安全后才能通过。

避免在沟、穴、堤坝等附近的较脆弱路面上行驶，农业机械的重量可能导致路面塌陷造成危险。

农业机械通过铁路时，事先要左右查看，确定无火车通行时再通过；农业机械行驶到铁路上要注意操作：一是不要抢道行驶。二是防止操作失误。三是保持良好的技术状态，防止熄火。

在平滑路面上，操纵和制动力受到轮胎附着力的限制，在潮湿路面上，前轮会产生滑动，农业机械转向性能变差，应特别注意。

拖拉机通过村、镇街道时要减速、鸣号，并且要精力集中，注意观望。

夜间行驶时，须打开前照明灯，同时，须关闭其他作业指示灯。夜间行车应注意：一是遵守有关规定，夜间无灯光或灯光不全不出车。二是驶近交叉路口时，应减速，关闭远光灯，打开近光灯，转弯时要打开转向灯。

在农业机械行进过程中，司乘人员不得上下农业机械。

(三) 农机具作业要求

农机具的负荷应与动力机械功率相匹配，不能使农业机械超负荷工作。

农业机械田间作业前，驾驶员应先了解作业区的地形、土质和田块大小，查明填平不用的肥料坑、老河道、水池、水沟等并做好标记，以防农业机械陷车。

农业机械作业时，操作人员不得离开机车，严禁其他人员靠近，女性操作人员工作时应戴安全帽。

当动力机械倒车与农机具挂接时，动力机械和农机具之间严禁站人。

农机具与动力机械动力输出轴连接时，应在传动轴处加防护罩。

当动力输出轴转动时，农业机械不能急转弯，也不可将农机具提升过高。

在犁、旋、耙、耕等作业中，对动力连接部位、传动装置、防护设施等应随时进行安全检查。

动力机械配带悬挂农机具进行长距离行驶时，应使用锁紧手柄将农机具锁住，防止行驶中分配器的操纵手柄被碰动，导致农机具突然降落造成事故。

(四) 运输作业要求

非气刹机型严禁拖带挂车。

挂车必须有独立的符合国家质量和安全要求的制动系统，否则不能拖挂。

农业机械和挂车的制动系统必须灵活可靠，不能偏刹车。

牵引重载挂车必须采用牵引钩，而不能用悬挂杆件，否则，农业机械会有颠覆的危险。

出车前应对农业机械及挂车的技术状态进行严格的检查，特别要检查制动装置是否有异常现象，气压表读数是否达到0.7兆帕，如果发现问题必须妥善处理后方可行车。

农业机械起步时要用低挡，注意挂车前后之间是否有人、道路上有无障碍物，并给出起步信号。

进行减速时，制动器不能踩得过猛。

农业机械转弯时，要特别注意挂车能否安全通过，不要高速急转弯。

农业机械上下坡要特别注意安全，不准空挡滑行或柴油机熄火滑行，要根据道路状况选择安全行驶速度，尽量避免坡道中途换挡。拖带挂车下坡时，可用间歇制动控制农业机械和挂车车速，否则容易失去控制，农业机械在挂车的顶推下造成翻车事故。

严格遵守装载规定，大型拖拉机拖车载物，长度要求：前部不准超出车厢，后部不准超出车厢1m；左右宽度不准超出车厢20cm。小型拖拉机拖车载物，长度要求：前部不准超出车厢，后部不准超出车厢50cm，左右宽度不准超出车厢板20cm，高度从地面算起不准超过2m。

农业机械驾驶人员应严格遵守各项交通法规、条例。

## 三、科学使用肥料、农药

### （一）科学使用肥料

#### 1. 改进施肥方式

在生产实践中，要逐步推广土壤诊断和植物营养诊断技术，发展平衡施肥和配方施肥技术。具体地说，应采取以下措施。

（1）建立科学的施肥制度。由于各地气候、地形、生物、土壤性质和肥力水平各不相同，各地的栽培耕作制度以及作物品种也有一定的差别，因此，要根据土壤的供肥特性、作物的需肥和吸肥规律以及计划产量水平，确定最佳营养元素比例、肥料用量、肥料形态、施肥时间和方法等。

（2）合理配合施肥。要获得作物的高产稳产，必须为作物均衡供应多种养分。为此要科学地确定氮、磷、钾及其他中、微量元素肥料的用量比例。应提倡有机与无机肥料的配合施用，实现用地与养地相结合。

（3）利用3S技术精确施肥。3S技术是指能够采集空间宏观信息的遥感技术（RS）、处理地面信息的地理信息系统（GIS）和确定地理位置的全球定位系统（GPS）技术。三者联合构成一个信息采集、处理和可精确操作的体系，能够针对农田土壤肥力微小的变化将施肥操作调整到相应的最佳状态，使施肥操作由粗放到精确。这一高新技术的应用，可以极大地减少肥料的浪费，提高化学肥料的利用率。

2. 提高肥料养分资源的利用率

作物对化学肥料利用率不高是造成环境污染的重要原因。因此，提高肥料养分资源的利用效率是防治施肥造成环境污染的重要措施。主要有以下途径。

（1）物理途径。改良肥料剂型，提倡施用液态氮肥和复合肥料是提高肥料利用率的有效措施。如氮肥深施或施肥后控水灌溉等，以减少 $N_2O$ 的排放。

（2）化学途径。研制化肥新品种，发展复合肥，减少杂质以提高化肥质量，是提高化肥利用率的有效途径之一。如缓控释肥料。

（3）生物途径。通过育种策略，培育耐水分、养分胁迫的优良品种，是提高农田养分资源利用率的重要途径。

3. 提倡使用农家肥

目前，大多数农民还没有意识到化肥对环境和人体健康造成的潜在危险。故而，要加大化肥污染的宣传力度，完善农村环保农技科普机制，提高群众的环保意识，使人们充分认识到化肥污染的严重性。

提倡使用农家肥，以农作物的秸秆，动物的粪便以及各种植物为原料，利用沼气池产生沼液制作高质量的农家有机肥，施用有机肥能够增加土壤有机质、土壤微生物，改善土壤结构，提高土壤的吸收容量以及自净能力，增加土壤胶体对重金属等有毒物质的吸附能力。

各地可根据实际情况推广豆科绿肥，比如实行引草入田、草田轮作、粮草经济作物带状间作和根茬肥田等形式种植。因为豆科植物在生长时会有固氮菌进行固氮，豆科植物的秸秆含有吩咐的氮。这种利用生态固氮的方式应该加以推广。

（二）科学使用农药

1. 对症下药

在充分了解农药性能和使用方法的基础上，根据防治病虫害种类，使用合适的农药类型或剂型。如扑虱灵对白粉虱若虫有特效，而对同类害虫蚜虫则无效；抗蚜威（劈蚜雾、灭定威）对桃蚜有特效，防治瓜蚜效果则差；甲霜灵（瑞毒霉）对各种蔬菜霜霉病、早疫病、晚疫病等高效，但不能防治白粉病。在防治保护地病虫害时，为降低湿度，可灵活选用烟雾剂或粉尘剂。在气温高的条件下，使用硫制剂防治瓜类蔬菜茶黄螨、白粉病，容易产生药害。

2. 适期用药

根据病虫害的发生危害规律，严格掌握最佳防治时期，做到适时用药。如蔬菜播种或移栽前，应采取苗房、棚室施药消毒、土壤处理和药剂拌种等措施；当蚜虫、螨类点片发生，白粉虱低密度时采用局部施药。一般情况下，应于上午用药，夏天下午用药，浇水前用药。

3. 运用适当浓度与药量

不同蔬菜种类、品种和生育阶段的耐药性常有差异，应根据农药毒性及病虫害的发生情况，结合气候、苗情，严格掌握用药量和配制浓度，防止蔬菜出现药害和伤害天敌，只要把病虫害控制在经济损害水平以下即可。如防治白粉病对于抗病品种或轻发生时只需粉锈宁每亩 3~5g（有效成分），而对感病品种或重发生时则需每亩 7~10g。另外，若运用隐蔽施药（如拌种）或高效喷雾（如低容量细雾滴喷雾）等施药技术，并且提倡不同类型、种类的农药合理交替和轮换使用，可提高药剂利用率，减少用药次数，防止病虫产生抗药性，从而降低用药量，减轻环境污染。

4. 合理混配药剂

采用混合用药方法，达到 1 次施药控制多种病虫为害的目的，但农药混配要以保持原药有效成分或有增效作用，不产生剧毒并具有良好的物理性状为前提。一般各种中性农药之间可以混用；中性农药与酸性农药可以混用；酸性农药之间可以混用；碱性农药不能随便与其他农药（包括碱性农药）混用；微生物杀虫剂（如 Bt 乳剂）不能同杀菌剂及内吸性强的农药混用。

5. 确保农药使用的安全间隔期

最后 1 次使用农药的日期距离蔬菜采收日期之间，应有一定的间隔天数，防止蔬菜产品中残留农药。通常做法是夏季至少为 6~8 天，春秋至少为 8~11 天，冬季则应在 15 天以上。

## 四、农村防灾减灾常识

(一) 防震减灾

1. 地震类型

地震是一种大地震动的自然现象，包括天然地震（构造地震、火山地震），诱发地震（矿山冒顶、水库蓄水等引发的地震）和人工地震（爆破、核爆破、物体坠落等产生的地震），极大部分发生的地震都是构造地震。当它足够大并发生在危及人类生存的地方时，就可能造成房屋倒塌，构筑物损坏，山崩地裂，人员伤亡。一般所说的地震，多指构造地震，它对人类的危害最大。

2. 地震时的自救方法

一般情况下，对只有轻微感觉的小地震不必大惊小怪。若发生破坏性地震，在震前的瞬间会出现地光、地声、初期震动等现象，这些现象被称为预警现象，从开始出现预警现象到房屋倒塌，一般有 12 秒钟左右的时间；作为个人，应当保持冷静，在 12 秒钟内应根据所处环境迅速作出保障安全的抉择。

农村居住的大多是平房，可以迅速跑到门外。来不及跑的可迅速躲在坚固的桌下、床下、家具旁及紧挨墙根处，趴在地下，闭目，用鼻子呼吸，使用坐垫、被盖等什物保护头部等要害部位，并用毛巾或衣物捂住口鼻，以隔挡呛入的灰尘。正在用火的应当立即熄灭炉火，随手关掉煤气或电源开关，然后迅速躲避。

如果住的是楼房，千万不要跳楼，应立即切断电闸，关掉煤气，暂避到洗手间等跨度小的地方，或是桌子、床铺等下面，震后迅速撤离，以防强余震。

如在街道上遇到地震，应用手护住头部，迅速远离楼房，到街心一带。如在郊外遇到地震，要注意远离山崖，陡坡，河岸及高压线等。正在行驶的汽车和火车要立即停车。

如果震后不幸被废墟埋压，要尽量保持冷静，设法自救。无法脱险时，要保存体力，尽力寻找水和食物，创造生存条件，耐心等待救援人员。

（二）防火安全

1. 农村火灾

（1）农村火灾预防特殊性。农业生产产生的可燃物料多，农村建房可燃木料多，农村居民区缺少火灾消防系统，农村距城市专业消防队遥远，由此可知。农村的火灾事故风险比城市高得多，农村的火灾防范比城市更紧迫。

（2）做饭的燃料堆放应注意的事项。有些地方用柴烧火做饭，柴的停放必须要远离灶台，且要注意放置数量不要太多。做完饭后应当检查，看柴堆周围是否遗留火种；有些地方用煤烧火做饭，如果在露天堆放煤，不要堆太多且应当远离建筑物，以免煤自燃起火。

（3）怎样防止稻草堆和粮食自燃。粮食和稻草堆都是可以自燃的。粮食和稻草自身湿度受到水分的影响较大。在湿度较高的条件下，会发生霉变，逐渐由化学反应产生蓄热，最后达到自燃点，引起粮食和稻草自身燃烧。同样，麦秆、烟草等也会自燃，所以，要经常通风、翻晒，在阴雨天后尤其必要。

（4）防止沼气爆炸和火灾应该注意的事项。

①沼气池经装料后，在检查是否产生沼气，点火试验时必须在离池较远的出气管口进行，千万不能在池顶导气管口直接点火。

②在正常使用时，不要在导气管上或进出料口直接点火，并要教育小孩千万不要在沼气池边玩火，以免产生回火，引起爆炸。

③出渣或检修时，可用手电筒照明，绝不能携带马灯、蜡烛、煤油灯等入池。严禁在池内吸烟，以防点燃池内残存的沼

气，引起爆炸和烧伤事故。

④在沼气灯、沼气炉附近，不要堆放柴草等易燃物品。沼气灯要和屋顶（特别是草房、木屋）保持一定的距离。

⑤使用沼气炉时要先点火后开气，以免沼气聚积后猛一点火，引起火灾和烧伤。

⑥沼气使用完毕，要关紧开关。嗅到室内有臭鸡蛋味时，应立即打开窗户，检有无漏气。若发现漏气时，室内绝不能有明火，并应及时修理、堵漏。

⑦一旦发生火灾，不要慌张，扑火的同时，应镇定地先去拔掉室外输气导管，立即切断沼气来源。

（5）公路上晒麦秸、稻草对车辆行驶的影响。行驶中的车辆排气管喷出的火星，遇到麦秸、稻草等可燃物后会引起着火，或者草料被车辆底盘的螺丝、轮轴缠绕时，也会因高温而迅速起火并蔓延，严重时，甚至会烧毁车辆。

（6）祭祖、办丧事用火应当注意的问题。应提倡文明祭祖、办丧事，尽量不要为这类活动动火。如果一定要用火，则应当站到上风方，避免火焰伤人；用完火后应当将火灰就地掩埋，避免火灰复燃。

2. 火灾事故预防

（1）生火取暖和夏季点蚊香时，应注意防火。

（2）扫墓祭祖不可烧纸箱、烧香，以防发生火灾。

（3）养成良好的生活习惯，不能随意乱扔未熄灭的烟头和其他火种；不能在酒后、疲劳状态和临睡前躺在床上或沙发上吸烟。

（4）外出和临睡前应关闭电器、燃气炉具，熄灭火源。

（5）节庆时，应按规定安全燃放烟花爆竹，不能随意让儿童燃放烟花爆竹；也不要让儿童玩火。

### （三）台风防御

#### 1. 台风灾害

台风是一种破坏力很强的灾害性天气系统，但有时也能起到消除干旱的有益作用。其危害性主要有以下 3 个方面。

（1）大风。热带气旋达台风级别的中心附近最大风力为 12 级以上。

（2）暴雨。台风是带来暴雨的天气系统之一，在台风经过的地区，可能产生 150~300mm 降水，少数台风能直接或间接产生 1 000mm 以上的特大暴雨。

（3）风暴潮。一般台风能使沿岸海水产生增水。

台风过境时常常带来狂风暴雨天气，引起海面巨浪，严重威胁航海安全。台风登陆后带来的风暴增水可能摧毁庄稼、各种建筑设施等，造成人民生命、财产的巨大损失。

#### 2. 预防台风

（1）及时收听、收看或上网查阅台风预警信息，了解政府的防台行动对策。

（2）关紧门窗，紧固易被风吹动的搭建物。

（3）从危旧房屋中转移至安全处。

（4）处于可能受淹的低洼地区的人要及时转移。

（5）检查电路、炉火、煤气等设施是否安全。

#### 3. 台风中意外事故的处理

台风中外伤、骨折、触电等急救事故最多。外伤主要是头部外伤，被刮倒的树木、电线杆或高空坠落物如花盆、瓦片等击伤。电击伤主要是被刮倒的电线击中，或踩到掩在树木下的电线。不要打赤脚，穿雨靴最好，防雨同时起到绝缘作用，预防触电。走路时观察仔细再走，以免踩到电线。通过小巷时，也要留心，因为围墙、电线杆倒塌的事故很容易发生。高大建筑物下注意躲避高空坠物。发生急救事故，先打 120，不要擅自搬动伤员或自己找车急救。搬动不当，对骨折患者会造成神经损伤，严重时，会发生瘫痪。

(四) 洪水灾害应急常识

1. 洪水来临前的准备

(1) 关注有关雨、水情预报信息。

(2) 熟悉本地区域防汛预案的各类隐患灾害点和紧急转移路线图、联络方式。

(3) 地处低洼地带的家庭要自备简易救生器材。

(4) 保持手机、电话的通信畅通，以利接收相关信息

(5) 做好避险准备，撤离时注意关掉煤气阀、电源总开关等。

(6) 撤离时要听从指挥，团结互助，险情未解除，不要擅自返回。

2. 洪水来到时的自救

(1) 洪水来到时，来不及转移人员，要就近迅速向山坡、高地、楼房、避洪台等地转移，或者立即爬上屋顶、楼房高层、大树、高墙等高的地方暂避。

(2) 如洪水继续上涨，暂避的地方已无法自保，则要从分利用准备好的救生器材逃生，或者迅速找到一些门板、桌椅、木床、大块的泡沫塑料等能漂浮的材料扎成筏逃生。

(3) 如果已被洪水包围，要设法尽快与当地防汛部门联系，报告自己方位和险情，积极寻求救援。

(4) 低洼处的住宅遭洪水淹没或围困时，一是安排家人向安全坚固高处转移；二是想方设法发出求救信号；三是利用简易救生器材转移到较安全的地方。

(5) 如已被卷入洪水中，一定要尽可能抓住固定的或能漂浮得东西，寻找逃生机会。

(6) 洪水过后，要做好各项卫生防疫工作，预防疾病的

流行。

3. 落水者的自救

（1）大声高呼救命，引起别人注意。

（2）尽可能抓住固定的东西，避免被流水卷走或被杂物撞伤。

（3）仰体卧位又称“浮泳”，全身放松，肺部吸满空气；头向后仰，让鼻子和嘴巴尽量露出水面；两手贴身，用掌心向下压水，双腿反复伸蹬；保持用嘴换气，避免呛水；尽可能保存体力，争取更多的获救时间。

## 五、农村防传销常识

近年来，随着各地对传销的严厉打击，加之城市居民对传销的防范意识不断提高，很多传销行为在大城市已经没有了生存土壤，于是传销换了新阵地，开始“侵入”农村。

（一）农村传销常见套路

1. 宣称自己“高收益、无风险”

不法分子牢牢抓住人们想轻松赚大钱这一心理，打着高额返利、赚钱轻松的旗号招摇撞骗。例如，“投资 5 000元，一年后返利 10 万元”。为了摆明自己“无风险”的底气，传销组织会宣称自己和知名大企业、所谓的“专家学者”有密切关系，甚至有的组织打着“政策”的旗号，说自己的项目有所谓的“政府支持”。说到底，就是怕人们不相信。惠农政策和致富项目还是要多咨询政府相关部门，不能相信一些来路不明人员的说法。

2. 玩转数字游戏

这种团伙会宣称找人来一起“玩游戏”，并且会告诉玩家，多拉自己的亲朋好友来参加，获利就会更多。这是典型的“拉人头”的金字塔式的传销。可以说，只要是“先交钱——拉亲朋好友加入——收益更多”的方式，都是传销的套路。

3. 高调炫富引诱

衣锦还乡是很多人的梦想，所以，有一些传销团伙专门把自己装扮的在外赚了很多钱，回到家乡高调炫富，提供项目带领家乡父老发家致富。这种套路通常的方式是现在自己的社交软件上，微博、朋友圈炫富一段时间，特别是不少年轻人，岁数不大就有了“奢华”的生活。在手机上吊足了人们的胃口，再突然返乡，宣称自己加入了什么项目，邀请人参加。

4. 披着众筹外衣

传销分子这时会编造故事，特别是自己遇到了巨大的困难，如家人生病、企业遭遇不测，等等，博取他人的同情，并趁机向人们索要钱财。为了更吸引眼球，这些人往往还会宣称自己会“回报”好心人。外人看起来又能献爱心，还有钱赚，就忍不住掏了腰包，上当受骗。

总之，无论哪种套路，传销都是利用了人们希望少付出、多收益的心理来行骗的。致富增收是很多人的梦想，但是任何宣称不需要劳动和辛苦就能“一夜暴富”的项目都是不存在的，农民朋友对这种类型的宣传都要提高警惕。

（二）传销的主要危害

1. 严重扰乱市场经济秩序

传销涉及地区广、人员多、资金大，有的还伴有非法集资、制售假冒伪劣商品、侵害消费者权益等大量违法行为，诱骗了大量社会人力资源，吸纳了大量社会资金，破坏了市场经济的健康和谐发展。

2. 扰乱社会治安秩序

扰乱社会治安秩序，严重影响群众的正常生活秩序和生命财产安全。传销违法活动具有很强的继发性，由此引发了大量刑事案件以及扰乱社会治安秩序案件。同时，因传销引起的夫妻反目、父子相向，甚至家破人亡的惨剧时有发生，给不少家庭造成巨大伤害，动摇社会稳定的基础。

3. 危害国家安全和政治稳定

被骗参与传销者多为城市退休、下岗或无业人员、农民等。传销组织者对参与人员反复“洗脑”，进行精神控制，唆使参与人员阻挠、对抗执法部门，围攻、打伤工商、公安执法人员的事件时有发生，对抗性日益加剧，而且不断引发群体性事件。传销不但极大损害群众利益，还进一步激化社会矛盾，危害国家安全和社会和谐稳定。

（三）传销的防范

1. 不要相信天上掉馅饼

传销公司最常用的话是“让你在消费的同时赚钱”，这是鬼话，消费就是消费，赚钱就是赚钱。把消费当职业，永远也别想赚钱。

2. 签订合同

合同是保证双方平等互利的必要工具。特别是公司与个人发生劳资关系，中国劳动合同法规定，是一定要签订合同的，正规公司都会主动与你签订合同的。

3. 不能要感情用事

传销公司一般是熟人找熟人。有句话，叫朋友不言商。这话有一定的道理，不能因朋友感情害了自己。有的人，只要朋友邀请，就什么都不问，不明不白地跟着干，结果陷入迷局，不能自拔。

4. 审查资质

当准备去一家公司工作，应先了解这家公司的资质和信用。一般可以结合以下方式来证实：一是从网上查询；二是从其营业地的工商部门查询；三是要求对方出示营业执照和组织机构代码证书；四是要求对方出示开户许可证书；五是要求对方出示税务登记证书和代理授权书。

## 六、农村黑恶势力常识

2018 年，中共中央、国务院发出《关于开展扫黑除恶专项斗争的通知》指出，为深入贯彻落实党的十九大部署和习近平总书记重要指示精神，保障人民安居乐业、社会安定有序、国家长治久安，进一步巩固党的执政基础，党中央、国务院决定，在全国开展扫黑除恶专项斗争。

（一）“黑社会性质”组织

根据《刑法》第 294 条规定：黑社会性质组织有 4 个方面的特征。

（1）形成较稳定的犯罪组织，人数较多，有明确的组织者、领导者，骨干成员基本固定；

（2）有组织地通过违法犯罪活动或者其他手段获取经济利益，具有一定的经济实力，以支持该组织的活动；

（3）以暴力、威胁或者其他手段，有组织地多次进行违法犯罪活动，为非作恶，欺压、残害群众；

（4）通过实施违法犯罪活动，或者利用国家工作人员的包庇或者纵容，称霸一方，在一定区域或者行业内，形成非法控制或者重大影响，严重破坏经济、社会生活秩序。

（二）“恶势力”组织

根据《刑法》的有关规定和最高人民法院、最高人民检察院、公安部、司法部关于黑恶犯罪的相关司法解释，具有下列情形的组织，应当认定为“恶势力”。

经常纠集在一起，以暴力、威胁或者其他手段，在一定区域或者行业内多次实施违法犯罪活动，为非作恶，欺压百姓，扰乱经济、社会生活秩序，造成较为恶劣的社会影响，但尚未形成黑社会性质组织的违法犯罪组织。

恶势力一般为 3 人以上，纠集者相对固定，违法犯罪活动主要为强迫交易、故意伤害、非法拘禁、敲诈勒索、故意毁坏财物、聚众斗殴、寻衅滋事等，同时还可能伴随实施开设赌场、组织卖淫、强迫卖淫、贩卖毒品、运输毒品、制造毒品、抢劫、抢夺、聚众扰乱社会秩序、聚众扰乱公共场所秩序、交通秩序以及聚众“打砸抢”等。

（三）农村常见黑恶势力

（1）农村地区把持和操纵基层政权、侵吞农村集体财产的“黑村官及幕后推手；横行乡里或利用家族、宗族、宗族势力称霸一方的“村霸乡霸”；采取贿赂、暴力、欺骗、威胁等手段干扰破坏农村基层换届选举的黑恶势力，以各种名义在征地租地过程中煽动群众闹事、组织策划群体性上访的黑恶势力。

（2）强占各类农贸市场，欺行霸市、强买强卖、敲诈勒索、聚众滋事，侵害群众利益的各类“菜霸”“行霸”“市霸”等黑恶势力。

（3）在建筑工程、交通运输、仓储物流等领域强揽工程、强立债权、恶意竞标、强迫交易、非法垄断经营、收取“保护费”、破坏经济秩序的黑恶势力。

（4）群众反映强烈的涉嫌高利贷非法讨债以及采取故意伤害、非法拘禁、威胁恐吓等手段暴力讨债，或插手经济纠纷的“讨债公司”“地下出警队”“职业医闹”等恶势力。

（5）在乡村、城郊、居民社区、娱乐场所，有组织地从事涉“黄、赌、毒、枪”的违法犯罪活动，严重败坏社会风气、危害社会治安的黑恶势力。

（6）对矿产资源进行私挖滥采和组织渔船越境捕捞的违法行为以及在滩涂养殖中由于划地为界、码头“扒皮”等行为滋生的矿霸、船霸、渔霸等流氓恶势力。

（7）由黑恶势力操控的黑导游及其引发的强买强卖、寻衅滋事、敲诈勒索等违法犯罪活动。

（8）以高薪引诱招募船员实施欺骗、敲诈勒索、强迫劳动等违法犯罪活动。

（9）拉帮结派、寻衅滋事、打架斗殴、强拿硬要、称王称霸等破坏一方秩序带有黑恶势力性质的帮派势力。

对于农村中，出现的上述黑恶势力，广大人民群众应积极行动起来，检举揭发黑恶势力违法犯罪线索。对于举报线索公安机关将严格保密，一经查实将按照相关规定给予奖励；对包庇、纵容违法犯罪分子或恶意举报、诬告陷害他人的，将依法追究法律责任；对举报人进行报复的，将依法从严、从重惩处。

## 七、农村防诈骗常识

### （一）农村诈骗常见类型

1. 冒充被害人亲属实施诈骗

这种诈骗类型非常常见，犯罪骗子冒充被害人亲属或朋友，给空巢老人打电话，谎称亲属出车祸了，急需用钱，老人经验少，又因担心而乱了头脑，很容易就相信骗子的话，给他打钱。

2. 以“免费体检”为由引诱老人购买大量保健品

骗子作医生打扮上门给老人免费体检，然后以老人有疾病为由诱骗老人购买保健品，忽悠老人，老人容易轻信，这些保健品买来吃了并无效果，都是冒牌货。

3. 冒充银行工作人员实施诈骗

诈骗分子冒充银行工作人员，给农民打电话，告知他的银行账户有问题，需要怎么怎么操作，农民根据骗子的操作就将自己卡里的钱转走了。

4. 婚姻介绍为由诈骗

犯罪分子利用农村某些家庭着急孩子成婚，老大难，或离异单身等心理，实施骗婚，取得受害人信任后以各种理由骗钱。

（二）预防诈骗的方法

1. 要有反诈骗意识

俗话说："害人之心不可有，防人之心不可无"。当然，"防人"并不是要搞得人心惶惶，关键是要有这种意识，对于任何人，尤其是陌生人不可随意轻信和盲目随从，遇事遇人应有清醒的认识，不要因为对方说了什么好话，许诺了什么好处就轻信、盲从。要懂得调查和思考，在此基础上作出正确的反应。

2. 切忌贪小便宜

对飞来的"横财"和"好处"，特别是不很熟悉的人所许诺的利益要深思和调查，要知道天上是不会掉馅饼的，克服贪小便宜的心理，就不会对突然而来的"横财"和"好处"欣喜若狂，要三思而后行。

3. 破除迷信思想

如果素不相识的人清楚你的家庭情况或其他情况，应引起警觉，避免信息泄露。如果信息泄露，也要注意不能轻易拿出钱财。把住这一点，才能够避免掉进陷阱。

4. 必须冷静，千万不可慌张

一旦发现被骗，赶快想办法及时掌握对方的有罪证据，迅速报案，防止打草惊蛇。正确的做法是，一方面装作仍蒙蔽在鼓里，随时掌握对方行踪；另一方面查明对方所骗钱财的流向及时报案。

## 八、农村反邪教常识

（一）邪教的特征

邪教是指冒用宗教、气功或者其他名义建立，神化首要分子，利用制造、散布歪理邪说等手段蛊惑、蒙骗他人，发展、控制成员，危害社会的非法组织。其基本特征如下。

（1）具有被神话的教主，存在严重的教主崇拜；

（2）实施精神控制，对入教者“洗脑”；

（3）宣扬具体的“末世论”；

（4）秘密结社；

（5）反科学、反社会、反人类。

（二）邪教常用的套路

1. 用歪理邪说欺骗人

邪教组织要达到敛财、控制成员等目的，首先就要骗人相信，引人崇拜。这些歪理邪说最主要的有“末世论”“劫难说”“巫神论”和“天国说”等，这都是古今中外许多邪教惯用的谎言。

2. 用宗教的幌子蒙蔽人

邪教往往都是以宗教的面目出现，多数冒用“基督教”“伊斯兰教”或“佛教”的名义，给自己披上一件合法的外衣，以欺骗群众，逃脱法律制裁。

3. 用治病、免灾诱惑人

邪教往往都在老百姓日常最关心的平安、健康等问题上打主意、做文章，通常用治病、免灾作为最初的诱饵，鼓吹“只有加入他们的组织才能消灾避难、治病强身，一年四季保平安”，从而诱惑群众加入其组织。

4. 用各种封建迷信把戏吓唬人

邪教常常利用人们对鬼、神虚构的超自然力量的恐惧心理，以看相算命、装神弄鬼、蚂蚁写字、白纸显字、玩符谶等封建迷信手段哄骗、恐吓群众加入邪教。

5. 用套近乎、小恩小惠笼络人

为笼络群众，邪教利用人们生活困难、需要帮助、看重实惠的现实需要，先套近乎，拉关系，再假装关心，投其所好，用小恩小惠拉人入伙。

6. 用暴力行为胁迫人

用暴力行为胁迫人，也是一些邪教的突出特点。一旦因被欺骗、诱惑、恐吓而进入邪教组织的人员看清其真实面目醒悟过来，想要摆脱邪教纠缠时，邪教头目就会撕掉伪装，露出狰狞面目，用暴力手段胁迫继续参加其违法活动。

（三）防范和抵制邪教

1. 要不听、不信、不传

不听邪教的宣传，不相信邪教的鬼话，更不要帮着邪教去传播。如果自己的亲戚朋友、左右邻里之间有人信了邪教，要从关心、帮助他们的角度，提醒他们千万别上当。

2. 要检举揭发邪教的违法活动

邪教活动是违法行为。见到邪教在骗人、非法聚会、搞破坏活动时，要赶紧向公安机关报告。

3. 要破除迷信思想

相信科学，生病要上医院、找医生，“病急乱投医”和生病不吃药都是一种糊涂行为。

## 九、农村防黄、赌、毒常识

（一）“黄赌毒”的界定

“黄”是指具体描绘性行为或者露骨宣扬色情的书刊、影片、录像带录音带、图片和其他淫秽物品以及组织、强迫、引诱、容留、介绍他人卖淫嫖娼等违法犯罪活动。

“赌”是指以营利为目的，开设赌场赌局、聚众赌博或者进行网上赌博的违法犯罪行为。

“毒”是指走私、贩卖、运输、制造毒品和非法种植毒品原植物，以及吸食、注射毒品的违法犯罪活动；毒品是指鸦片、海洛因甲基苯丙胺（冰毒）、吗啡、大麻、可卡因以及国家规定管制的其他能够使人形成瘾癖的麻醉药品和精神药品。在世界范围内，被禁用和限制使用的麻醉药就有128种，精神药品104种，共计232种。

《中华人民共和国刑法》中有关“黄”的罪名有组织卖淫罪；强迫卖淫罪；协助组织卖淫罪；引诱、容留、介绍卖淫罪；引诱幼女卖淫罪；传播性病罪；嫖宿幼女罪；聚众淫乱罪；引诱未成年人聚众淫乱罪；制作、复制、出版贩卖、传播淫秽物品牟利罪；为他人提供书号出版淫秽书刊罪；传播淫秽作品罪；组织播放淫秽音像制品罪；组织淫秽表演罪。有关“赌”的罪名有赌博罪（刑法第三百零三条）。有关“毒”的罪名分别是：走私、贩运、运输制造毒品罪；非法持有毒品罪；包庇毒品犯罪分子罪；窝藏、转移、隐瞒毒品、销赃罪；走私制毒物品罪；非法种植毒品原植物罪；非法买卖运输、携带、持有毒品原植物种子幼苗罪；引诱教唆、欺骗他人吸毒罪；强迫他人吸毒罪；非法提供麻醉药品、精神药品罪。

（二）“黄赌毒”的危害

1. 黄的危害

导致社会风气败坏，滋生一系列的社会问题，让人不思进取，乐不思蜀，目光短浅，以享乐为宗旨，体弱多病，心理变态，影响家庭生活、工作，从而产生大量社会危害。

2. 赌的危害

对于赌博的危害，一些人认识不足。一些人沉迷赌博，不能自拔。为了赌博，一些人输得倾家荡产，债台高筑，生活没有着落；一些人家庭解体，铤而走险；一些人更因为赌博，闹出了命案。赌博已引发了一系列的社会问题：盗窃、抢劫、绑票、自杀，甚至杀人等。为了打击猖獗的赌博风气，公安机关组织警力，进行彻底打击，以此维护社会的稳定和居民的正常生活秩序。

3. 毒的危害

（1）对身心的危害。毒品损害人的大脑、心脏功能，呼吸系统功能等，并使免疫能力下降，吸毒者极易感染各种疾病，吸毒成瘾者还会因吸毒导致死亡。

（2）对家庭的危害。吸毒者在自我毁灭的同时，也破坏自己的家庭，使家庭陷入经济破产、亲属离散、甚至家破人亡的困难境地。

（三）“黄赌毒”的预防

1. 要洁身自好，不涉“黄”

卖淫嫖娼、滥搞性关系，易传染性病、艾滋病等疾病，既危害身心健康，又危害家人。切勿因贪色失财赔性命，好色的男人往往也是女色引诱抢劫犯罪的对象。

2. 要自爱自重、不参赌、不设赌

组织、提供场所聚众赌博或以赌博为业，是违法犯罪行为，违者可依法实行劳动教养或判处刑罚。

3. 远离毒品

切勿贩毒或非法持有毒品，不然轻则会判处有期徒刑，重则直至判处死刑。

不要好奇，切勿试吸毒，否则，一旦上瘾，心瘾难除，一生受折磨。还会导致精神分裂、血管硬化，严重影响生殖和免疫能力；毒瘾发作时，如万蚁噬骨，万针刺心，如同人间活鬼；还易感染艾滋病，成瘾者到死亡平均不到 8 年时间。

# 第八章　提高农民身心健康和身体素质

## 一、科学合理膳食

“民以食为天”，食物营养是一日三餐中用以维持人们生命活动所要消化、吸收和利用的各类营养素，而合理营养就是食品在符合卫生要求的前提下，经过合理选择与配合，采用合理加工与烹调，营养、平衡膳食对机体的健康至关重要。它是人们维持生存，增强体质，预防疾病，保持精力充沛，提高劳动效率和延缓机体衰老的重要保证。

### （一）四季饮食调养

由于四时阴阳消长的变化，所以有春生、夏长、秋收、冬藏的生物发展生长规律，因而四时阴阳是万物的根本。根本即指万物生和死的本源。这里主要讲饮食调养。

#### 1. 春季饮食要养“阳”

在饮食方面，适宜多吃些能温补阳气的食物。以葱、蒜、韭、蓼、蒿、芥、大枣、山药等辛嫩之菜，杂和而食。进入温暖的春天，我们的身体在此时也在发生着一些变化，春季养生要注重养肝。立春时节，人体的生理变化主要是：一是气血活动加强，新陈代谢开始旺盛；二是肝主藏血、肝主疏泄的功能逐渐加强，人的精神活动也开始变得活跃起来。立春养肝除了注意饮食、起居、运动外，情绪的好坏也很重要。因为春季阳气生发速度开始多于阴气的速度，所以，肝阳、肝火也处在了上升的势头，需要适当地释放。肝是喜欢疏泄讨厌抑郁的，生气发怒就容易肝脏气血淤滞不畅而导致各种肝病，“怒伤肝”就是这个道理。进入春天后，保持心情舒畅，就能让肝火流畅地疏泄出去，如果常常发脾气特别是暴怒，就会导致肝脏功能波动，使火气旺上加旺，火上浇油，伤及肝脏的根本。所以，春季一定要做到心平气和、乐观开朗，如果生气了，要学会息怒，即使生气也不要超过 3 分钟。

2. 夏季饮食要消“火”

增加一些苦味食物。苦味食物中所含的生物碱具有消暑清热、促进血液循环、舒张血管等药理作用。热天适当吃些苦瓜、苦菜，以及啤酒、茶水、咖啡、可可等苦味食品，不仅能清心除烦、醒脑提神，且可增进食欲、健脾利胃。营养学家建议：高温季节最好每人每天补充维生素 $B_1$、维生素 $B_2$ 各 2mg，维生素 C 50mg，钙 1g，这样可减少体内糖类和组织蛋白的消耗，有益于健康。也可多吃一些富含上述营养成分的食物，如西瓜、黄瓜、番茄、豆类及其制品、动物肝肾、虾皮等，亦可饮用一些果汁。不可过食冷饮和饮料，气候炎热时适当吃一些冷饮或喝饮料，能起到一定的祛暑降温作用。雪糕、冰砖等是用牛奶、蛋粉、糖等制成的，不可食之过多，过食会使胃肠温度下降，引起不规则收缩，诱发腹痛、腹泻等疾患。饮料品种较多，大都营养价值不高，还是少饮为好，多饮会损伤脾胃，影响食欲，甚至可导致胃肠功能紊乱。勿忘补钾，暑天出汗多，随汗液流失的钾离子也较多，由此造成的低血钾现象，会引起倦怠无力、头昏头痛、食欲缺乏等症状。热天防止缺钾最有效的方法，是多吃含钾食物，新鲜蔬菜和水果中含有较多的钾，可酌情吃一些草莓、杏子、荔枝、桃子、李子等水果；蔬菜中的青菜、大葱、芹菜、毛豆等含钾也丰富。茶叶中亦含有较多的钾，热天多饮茶，既可消暑，又能补钾，可谓一举两得。膳食最好现做现吃，生吃瓜果要洗净消毒。在做凉拌菜时，应加蒜泥和醋，既可调味，又能杀菌，而且增进食欲。饮食不可过度贪凉，以防病原微生物乘虚而入。热天以清补、健脾、祛暑化湿为原则。应选择具有清淡滋阴功效的食品，诸如鸭肉、鲫鱼、虾、瘦肉、食用蕈类（香菇、蘑菇、平菇、银耳等）、薏米等。此外，也可进食一些绿豆粥、扁豆粥、荷叶粥、薄荷粥等“解暑药粥”，有一定的祛暑生津功效。

3. 秋季饮食要重“润”

秋季饮食重在养肺润燥，少吃辛辣油腻，多吃蔬菜水果。传统中医认为，秋季饮食应贯彻“少辛多酸”的原则，以平肺气、助肝气，以防肺气太过胜肝，使肝气郁结。尽可能少食用葱、姜、蒜、韭、椒等辛味之品，不宜多吃烧烤，以防加重秋燥症状。秋季也最易便秘，应当多吃蔬菜、水果，可以多食用芝麻、糯米、蜂蜜、荸荠、葡萄、萝卜、梨、柿子、莲子、百合、甘蔗、菠萝、香蕉、银耳等。

秋季养生适宜多摄取的食物有如下几类：一是养肺润燥平补的食物：鸭肉、猪肉、猪肺、泥鳅、鹌鹑蛋、牛奶、花生、杏仁、山药、白木耳、百合、冰糖、蜂蜜、无花果、胡萝卜等；二是清肺润燥的食物：鸭蛋、白萝卜、菠菜、冬瓜、丝瓜、白菜、蘑菇、紫菜、梨子、柿子、柿饼、罗汉果、橙子、柚子等；三是秋燥引起肺气虚时，可多选用百合、薏米、淮山药、蜂蜜等补益肺气；肺阴虚时应多选用核桃、芡实、瘦肉、蛋类、乳类等食物滋养肺阴；如伤及胃阴肝肾阴精时，可用芝麻、雪梨、藕汁及牛奶、海参、猪皮、鸡肉等分别滋养胃阴及肝肾阴精。

4. 冬季饮食要重“补”

冬令进补，是我国传统的防病强身、扶持虚弱的自我保健方法之一。冬季，气候寒冷，阴盛阳衰。人体受寒冷气温的影响，机体的生理功能和食欲等均会发生变化。由于中老年人生理上的变化，在隆冬季节，对于高压低温气候的调节适应能力，远比青年人为差，容易影响体内平衡，产生血管舒缩功能障碍，从而引起种种不适或疾病。因此，在注意生活起居等方面养生的同时，合理地调整饮食，保证人体必需营养素的充足，对提高老人的耐寒能力和免疫功能，使之安全、顺利地越冬，是十分必要的。养生专家给出了如下建议。

冬季饮食应保证能量的供给，冬季气候寒冷，阴盛阳衰。人体受寒冷气温的影响，肌体的生理功能和食欲等均会发生变化。因此，合理地调整饮食，保证人体必需营养素的充足，对于提高老人的耐寒能力和免疫功能，是十分必要的。老年人在冬季进补时，首先要保证热能的供给。冬天的寒冷气候影响人体的内分泌系统，使人体热量散失过多。老年人冬天晨起服人参酒或黄芪酒一小杯，可防风御寒活血。体质虚弱的老年人，冬季常食炖母鸡、精肉、蹄筋，常饮牛奶、豆浆等，可增强体质。将牛肉适量切小块，加黄酒、葱、姜，用砂锅炖烂，食肉喝汤，有益气止渴、强筋壮骨、滋养脾胃之功效。阳气不足的老人，可将羊肉与萝卜同煮，然后去掉萝卜（即用以除去羊肉的膻腥味），加肉苁蓉15g、巴戟肉15g、枸杞子15g同煮，食羊肉饮汤，有兴阳温运之功效。

（二）科学饮水

水是人类每天必不可少的营养物质。健康成年人每天约需2 500mL水，因此要保持健康就必须注意每天摄入充足的水分，同时，喝水必须注意讲究科学，讲究卫生。一是不喝污染的生水：人类80%的传染病与水或水源污染有关。伤寒、霍乱、痢疾、传染性肝炎等疾病都可通过饮用污染的水引起。污染的水还可以引起寄生虫病的传播和地方性疾病等。因此，饮水要符合卫生要求。不要喝生水，要喝煮沸的开水。二是喝水要掌握适宜的硬度：水的硬度是指溶解在水中盐类含量，水中钙盐、镁盐含量多，则水的硬度大，反之，则硬度小。水质过硬影响胃肠道消化吸收功能，发生胃肠功能紊乱，引起消化不良和腹泻。我国规定水总硬度不超过25°。建议一般饮用水的适宜硬度为10°~20°。处理硬水最好的办法是煮沸，经煮沸后均能达到适宜的硬度。三是喝水要有节制：夏季气温高，人们多汗易渴。但一次喝水要适量，不要喝大量的水。即便是口渴的厉害，一次也不能喝太多水。这是因为喝进的水被吸收进入血液后，血容量会增加，大量的水进入血液循环就会加重心脏负担。要注意适当地分几次喝。四是喝水要适时适量：清晨起床后喝一杯水有疏通肠胃之功效，并能降低血液浓度，起到预防血栓形成的作用。剧烈运动或劳动出大汗后不宜立即喝大量水。进餐后消化液正在消化食物，此时，如喝进大量水就会冲淡胃液、胃酸而影响消化功能。

（三）科学喝奶

每年5月的第三个星期三，是“国际牛奶日”。随着人们养生意识的不断提高。牛奶已经越来越成为人们日常生活中不可或缺的健康“必需品”。在饮用时不要空腹喝牛奶。空腹喝牛奶会使肠蠕动增加。喝牛奶前先吃些淀粉类的食物或与馒头、面包等同食。牛奶不宜久煮。牛奶在煮沸后如果再继续加热，奶中的乳糖开始焦化，并逐渐分解为乳酸和少量的甲酸，维生素也被破坏，所以，热奶以刚沸为度，不宜久煮。牛奶不宜过多冷饮。冷牛奶会增加肠胃蠕动，引起轻度腹泻，特别是患有溃疡病、结肠炎及其他肠胃病患者不宜过多饮冷牛奶。牛奶不宜与含鞣酸的食物同吃，如浓茶、柿子等。因为这些食物的鞣酸易与牛奶中的钙反应结块成团，影响消化。喝奶以每天早晚为宜。

## 二、预防生理疾病

（一）预防传染病

农村环境卫生与传染病息息相关。预防传染病，要从环境卫生做起。

1. 不能随地大小便

因为随地大小便污染环境及水源，是造成苍蝇生长繁殖的条件，易造成疾病传播。

2. 推广无害化卫生厕所

卫生厕所的粪池建成三格化粪池、双瓮等形式，或与沼气地联通，使粪便得到处理，能灭活粪便中的寄生虫卵及传播疾病的致病微生物。

3. 厕所、粪坑

应离水源30m以外，防止水源污染。

4. 粪便与疾病传播

粪便可通过多种途径感染人，最常见的感染途径有：一是食物。这是较为常见的途径。二是饮用水。粪便的病原体污染生活用水和饮用水源，可造成肠道疾病的个体或群体的感染。三是洪涝期间粪池管理不当，造成粪便外溢，人们在趟水中接触被污染的水体，可造成皮肤病的发生和感染。

5. 改厕粪管对人体健康的影响

改厕是预防肠道传染病和寄生虫病的主要措施。绝大多数的肠道病毒、肠道致病菌、肠道寄生虫及卵是与人粪一起排出体外的，粪便是导致人类肠道传染病和肠道寄生虫的元凶，粪便的无害化处理是控制肠道传染病发病率的关键。

6. 不要喝生水

因为生水中含有细菌和虫卵等不洁物质，可引起肠道传染病（疾痢、伤寒、肠炎等）和肠道寄生虫病（蛔虫病等）。

7. 粪便管道的安装

住户无论楼上楼下配置的便器排污管道在没有接入城市污水管的地区，其管道排污口必须直接插入三格式粪池第一池。

8. 不随地倒垃圾

垃圾里常常带有多种病菌和寄生虫卵以及有害物质。垃圾中有机物质腐烂分解的时候还会散发出大量有害气体，孳生苍蝇、跳蚤、老鼠，传播疾病。

9. 家庭卫生要求

居室整洁通风好，卧具干净勤洗晒。碗筷灶具干净，生熟食具分开，家庭成员有良好的卫生习惯，无四害，讲究饮食卫生、家庭主要成员懂得卫生防疫知识，家禽畜圈养，禽畜舍干净，柴草、粪土、煤堆放整齐，庭院清洁，厕所符合要求。

（二）预防高血压

人的正常血压为收缩压小于140mm汞柱（mmHg），舒张压小于90mm汞柱。如果你连续3次不在同一天测量的血压都超过正常标准，就可以确定自己患了高血压，这时应及时去医院诊治。高血压可导致全身动脉硬化以及心、脑、肾等许多脏器的损害，甚至引起中风、心力衰竭、眼底动脉出血等严重并发症。

预防高血压要做到早发现、早治疗，定期体检，测量血压。

治疗高血压必须遵照医嘱坚持长期服药。并做到低盐低脂饮食、戒烟限酒、减轻或控制体重、经常锻炼、生活规律、保证足够睡眠、避免情绪波动及过度劳累等。

（三）预防糖尿病

1. 饮食治疗

控制每日摄入食物的总热量，日常饮食宜低脂肪、适量蛋白质、高碳水化合物。提倡高纤维饮食、清淡饮食，坚持少量多餐，定时定量定餐。

2. 适当运动

体育锻炼宜饭后进行，时间不宜长强度不宜大。

3. 血糖监测

患者需掌握自我血糖监测技术，学会如何监测血糖以及监测的频度。

(四) 预防心脏病

心脏病的危害性是非常大的，治疗心脏病远远不如预防心脏病要更方便，更有效。

1. 保持情绪稳定

在日常生活中，如果想要预防心脏出现病变。注意情绪的稳定是非常有必要的。当遇到问题的时候，保持一个乐观且平和的心态去面对。

2. 减少食盐的摄入

在日常生活中，应该多吃点清淡的食物，少吃一点重口味的食物。重口味的食物食用过多，就可能会给身体造成非常大的伤害，此外还需要少吃含钠多的食物，以免身体出现不适。

3. 坚持运动，锻炼

经常锻炼还可以加快血液循环，帮助身体有一个弹性的血管。久而久之，心脏也会变得比较强壮。

(五) 预防中暑

夏季在日光下暴晒，容易发生中暑。开始有口渴、大量出汗、头晕、心慌、四肢无力等症状，继而出现恶心、呕吐、面色潮红、皮肤灼热、呼吸加快、脉搏细弱而快，严重者体温持续升高、昏迷或抽搐等。

预防中暑应做到炎热季节合理安排劳动时间，上午早出工早收工，下午晚出工晚收工，延长中午休息时间。劳动时要带足凉开水或含盐饮料，穿浅色宽大衣服，戴好宽沿草帽，并注意利用凉棚、树阴作为休息地点。

一旦发生中暑，应立即把病人抬到阴凉通风处，敞开衣服，用凉湿毛巾放在头部或冷水擦身，并扇风降温。同时，给病人喝加盐的凉开水、凉茶，服仁丹等药，涂清凉油、风油精等。严重者要立即送医院救治。

## 三、树立健康心理

(一) 农民心理疾病产生的原因

农民作为一个特殊群体，其心理有独特性。

一是一些农民眼见部分农民先富起来，而自己对现状却无力改变。难免会出现情绪不稳定，消沉，悲观，自卑感，担心，胡思乱想，闷闷不乐，心里困惑茫然，做什么都没动力。久而久之，往往会出现抑郁情绪。

二是很多农民往往外出务工，由于脱离熟悉的农村环境，远离亲人。有些性格内向的农民往往不知如何与新朋友交往，怎样打开话匣子，觉得自己很拘谨，人际关系处理很混乱，与人谈话时给人感觉就像与人辩论似的，或者退缩怯场，很难有知心朋友。这些农民一旦碰到压力或者应激事件，往往无处倾诉，很容易诱发心理疾患。

三是由于农村的教育资源相对落后，农民想要改变自己的生活状况，往往把希望寄托在儿女的教育方面，千方百计把孩子送到城市学习。这一方面增加了家庭的经济负担，带来了经济上的压力；另一方面由于农民的孩子进城读书，远离父母的监管，可能引发一系列的心理疾病，也给家长带来新的困扰。另外，农村总体文化层次偏低，缺少专业经验和能力，适应性差，社会竞争力差，使得农民在出现心理问题时自我的调适能力明显不足，而且碰到问题后求助的欲望也往往低于正常群体。再加上农村客观上的缺医少药，在出现心理问题时，农民往往采用漠视不管或者寻求迷信等帮助，而不是及时求医。

这些问题如不及时解决，心病终究会导致疾病。防范心理疾病势在必行。

（二）农民健康心理的标准

1. 了解自我，悦纳自我

一个心理健康的人能体验到自己的存在价值，既能了解自己，又能接受自己，对自己的能力、性格和优缺点都能做出恰当的、客观的评价；对自己不会提出苛刻的、非分的期望与要求；对自己的生活目标和理想也能定得切合实际，因而对自己总是满意的；同时，努力发展自身的潜能，即使对自己无法补救的缺陷，也能安然处之。一个心理不健康的人则缺乏自知之明，并且总是对自己不满意；由于所定目标和理想不切实际，主观和客观的距离相差太远而总是自责、自怨、自卑；由于总是要求自己十全十美，而自己却又总是无法做到完美无缺，于是就总是同自己过不去，结果是使自己的心理状态永远无法平衡，也无法摆脱自己感到将要面临的心理危机。

2. 接受他人，善与人处

心理健康的人乐于与人交往，不仅能接受自我，也能接受他人、悦纳他人，能认可别人存在的重要性和作用，同时，也能为他人所理解，为他人和集体所接受，能与他人相互沟通和交往，人际关系协调和谐。在生活的集体中能与大家融为一体，既能在与挚友同聚之时共享欢乐，也能在独处沉思之时而无孤独之感。因而在社会生活中有较强的适应能力和较充足的安全感。一个心理不健康的人。总是自外于集体，与周围的人们格格不入。

3. 正视现实，接受现实

心理健康的人能够面对现实，接受现实，并能主动地去适应现实，进一步地改造现实，而不是逃避现实。能对周围事物和环境做出客观的认识和评价，并能与现实环境保持良好的接触，既有高于现实的理想，又不会沉湎于不切实际的幻想与奢望中，同时对自己的力量有充分的信心，对生活、学习和工作中的各种困难和挑战都能妥善处理。心理不健康的人往往以幻想代替现实，而不敢面对现实，没有足够的勇气去接受现实的挑战，总是抱怨自己“生不逢时”或责备社会环境对自己不公而怨天尤人，因而无法适应现实环境。

4. 热爱生活，乐于工作

心理健康的人能珍惜和热爱生活，积极投身于生活，并在生活中尽情享受人生的乐趣，而不会认为是重负。他们还在工作中尽可能地发挥自己的个性和聪明才智，并从工作的成果中获得满足和激励，把工作看做乐趣而不是负担：同时，也能把工作中积累的各种有用的信息、知识和技能存储起来，便于随时提取使用，以解决可能遇到的新问题，克服各种各样的困难，使自己的行为更有效率，工作更有成效。

5. 能协调与控制情绪，心境良好

心理健康的人，愉快、乐观、开朗、满意等积极情绪总是占优势的，虽然也会有悲、忧、愁、怒等消极情绪体验，但一般不会长久；同时，能适度地表达和控制自己的情绪，喜不狂、忧不绝、胜不骄、败不馁，谦而不卑，自尊自重。他们在社会交往中既不妄自尊大，也不退缩畏惧；对于无法得到的东西不过于贪求，争取在社会允许范围内满足自己的各种需要；对于自己能得到的一切感到满意，心情总是开朗、乐观的。

6. 人格完整和谐

心理健康的人，其人格结构包括气质、能力、性格和理想、信念、动机、兴趣、人生观等各方面能平衡发展。人格作为人的整体的精神面貌，能够完整、协调、和谐地表现出来；思考问题的方式是适中和合理的，待人接物能采取恰当灵活的态度，对外界刺激不会有偏颇的情绪和行为反应；能够与社会的步调合拍，也能和集体融为一体。

7. 心理行为符合年龄特征

在人的生命发展的不同年龄阶段。都有相对应的不同的心理行为表现，从而形成不同年龄阶段独特的心理行为模式。心理健康的人应具有与同年龄多数人相符合的心理行为特征。如果一个人的心理行为经常严重偏离自己的年龄特征，一般是心理不健康的表现。

（三）心理疾病的预防

1. 保持乐观心态

人们在社会中生活，总要面对各种各样的突发事件，树立正确的心态和积极乐观生活的态度，是预防心理疾病最基础的部分。同时，应锻炼自己迅速适应环境的能力，面对现实，应当养成乐观、豁达的个性，拥有宽广胸怀，遇事想得开的人是不会受到灰色心理疾病困扰的。

2. 善于自我调节

工作和生活中的烦恼是难以避免的，为了保持自己的良好情绪，预防心理疾病的出现，应该学会至少一种自我调节方法。如走进大自然，让大自然的奇山秀水来震撼你的心灵，这些美好的感觉往往是良好情绪的诱导剂；欣赏音乐、多接触阳光同样会使你心情愉快。

3. 扩大社会交往

朋友的启发、忠告、劝说和帮助，能使人情绪稳定，精神放松，减轻心理冲突。在交际中相互理解和表达交流思想感情，既能取悦他人，也能放松自己，这是积极的消除心理障碍的方法。这种方法对于有效预防心理疾病助益很大。

4. 培养业余爱好

培养业余爱好可以有效调节和改善大脑的兴奋与抑制过程，进而消除疲劳，以缓解紧张感，对预防心理疾病的发生有很好的效果。

## 四、参加体育锻炼

我国农村经济的发展要靠农民，农民的健康又是第一位的，这就离不开农民的身体锻炼。

（一）树立体育锻炼观念

身体健康是生活小康的重要表现。农民健身离不开光大农民群众的参与。不少农民把运动和在田间劳动混为一谈。他们觉得农民常年从事体力劳动，没有必要再进行体育锻炼。不少农民说："我哪用再专门锻炼身体？每天除草、浇地、打药、施肥不都是锻炼吗？"农民的健康水平普遍不如城市，这首先与农民的观念有关。因此，我们要转变农民的观念，在农村的街道印刷积极锻炼身体的标语，让农民爱上体育运动，愿意在农闲时抽出时间锻炼身体。健康不单是没有病、不用去医院，更是强健的体魄和精神上的健康。农民通过体育运动焕发起建设经济的热情，能使农村经济建设事半功倍。

（二）积极参加体育活动

农民从事的工作多为体力劳动，而且劳动时身体常处于一种强迫姿势。这种持续性的劳动，总是身体某一部分的肌肉与组织在运动，容易产生疲劳甚至畸形。所以，农民很有必要在业余时间参加一些体育活动，消除疲劳，增强体质，提高劳动效率。

农民除了根据各自的爱好，因时、因地制宜地选择一些体育活动项目外，还要注意不同劳动特点，选择某一适合的锻炼方式。如劳动时主要是下肢用力而缺乏上肢活动的，适宜参加球类、练单双杠、举重等；劳动时缺乏下肢活动的，适宜参加骑自行车、跑步、踢足球等；劳动时长时间弯腰者，适宜参加体操、练太极拳等；整天坐着工作的，则适宜参加打乒乓球、羽毛球等。

# 第九章　懂得文明礼仪

## 一、学习使用普通话

（一）普通话与方言

《中华人民共和国国家通用语言文字法》规定普通话是国家通用语言。

普通话就是现代汉民族共同语，是全国各民族通用的语言，普通话以北京语音为标准音，以北方话为基础方言，以典范的现代白话文著作为语言规范。

方言是根据语言的长期演变而来的，根据其性质差异可分地域方言和社会方言。现代汉语共有七大方言，即北方方言、吴方言、湘方言、赣方言、客家方言、闽方言和粤方言。

推广普通话并不禁止说方言，更不是要消灭方言。我们应该在会说方言的基础上进一步学会国家民族的主体性语言——普通话。

（二）学习普通话的必要性

国家推广全国通用的普通话，重要目的之一便是提升国民整体的语言文化素养。这种素养的提升，城市居民不能落下，农村尤其是贫困地区、民族地区也不能落下。

对于农村来说，推广普及普通话，可以助力精准扶贫脱贫。长期以来，一些贫困地区、民族地区存在的语言交流问题，日益成为精准扶贫的障碍之一。很多群众不会说普通话，甚至不少基层乡镇干部也说不上几句，这种状况极大地制约了扶贫开发、创业指导、技术培训、推送致富信息等活动的开展。而这些地区青壮年劳动力即使外出打工，也会因“语言关”面临应聘难、租房难、学习技术难等问题。

（三）学习普通话的技巧

快速学习普通话的方法和窍门就是一要多听；二要多练；三就是多说。

1. 多听

除了积极参加农村普通话培训教育之外，人们通过广播电视学习普通话，成为获取普通话的重要途径。俗话说，耳熟能详。多听一些新闻、朗诵之类的标准普通话，对于农民朋友来说，也可以多听一些农业频道的广播，不仅可以了解农业市场行情，对快速学习普通话也有好处。

2. 多练

在家里面，找一些报纸、杂志等有文字的素材，自己多读多练。也可以在网络上搜索一些经典的比较有难度的绕口令，可以从短的开始，例如，《八百标兵奔北坡》《哑巴与喇嘛》等，坚持每天每一个绕口令练习 10 遍左右，练的时候，吐字要清晰，不可跳过，有意识的让自己的语速越来越快。练好了基础的绕口令，可以搜索一些高阶的绕口令，如《玲珑塔》《报菜名》等，一部分一部分地练习，最后合起来练直至一气呵成，没有停顿和吐字不清的状况。

3. 多说

与村民在一起交流的时候，可以事先约好说普通话，也可以跟孩子一起说普通话，这样不仅自己的水平提升了，也可以教导孩子们从小开始学说普通话。在某一个环境内，大家都尽量地说普通话，这样的进步是最明显的。

## 二、摒弃农村陋习

在物质生活日益提高的当前，我国农村仍然存在一些落后、愚昧的陋习。这些陋习制约和阻碍了农村的发展，影响了全面小康社会建成。

（一）聚众赌博

在农村，一到农闲时节，村民们喜欢三五成群聚在一起打扑克、打麻将，尤其是临近年关，这种现象更是普遍！村里总有些青年，喜欢游手好闲，好吃懒做，不干正事，于是就聚在一起“玩玩”。

话说小赌怡情，大赌伤身，在没有人制止的情况下，这些人越玩越大，小赌变大赌。这种行为，不仅影响了村庄的正常生产行为，而且还败坏了社会习俗。更有严重者，轻者伤财，重者妻离子散，真是百害而无一利。2018 年国家出重拳整顿这些赌博行为，严打狠抓村庄赌博现象，金额超过 500 元就可拘留。甚至有的地方规定赌资超过 200 元即可拘留。

（二）大操大办丧事葬礼

在农村，亲人去世后，为了让自家丧事变得体面，人们开始大操大办。丧事俨然已经变得形式化、利益化了。有的家里还请来了鼓乐队，哭丧的，大闹几天几夜。为的就是给外人留下一个“孝顺”的形象。但在外人看来，这就是表面文章，甚至有人讽刺说，爹妈活着的时候，都没见有什么陪伴和关怀”。亲人去世，尽量一切从简。铺张浪费，大操大办最终丢掉的是良好的传统习俗。

（三）人情攀比行为

如今村庄的人情礼往攀比之风盛行，谁家结婚了，谁家办的盛大，气势比较壮观，为了体面虚荣，轮到自己的时候就是贷款、借款也要办得比别人风光。人们为了虚荣心，无意中给自己增加了经济负担。苦的是自己，有的甚至是一辈子。

（四）天价彩礼

我国结婚风俗素有男方给女方彩礼的习惯，这种习惯延续至今。然而这种情况完全变了味，成了互相攀比。尽管男方家庭经济实力雄厚，也备受折磨。一场婚礼不仅能掏空一个农村家庭，甚至还要负债累累。很多年轻的小情侣因为彩礼问题不得不走上分手之路，使有情人难成眷属，所以，不得不说一些农村地区的天价彩礼属于农村的一大陋习。

（五）骗取领低保的行为

国家为了扶持农村贫困地区的农民改善生活条件，出台了一系列惠农措施，包括发放低保金。可是执行情况却不容乐观。有的村庄存在着有钱人骗取低保金的行为，甚至真正的贫困农民却享用不到。让贫苦农民伤透了心，并且这种现象也损坏了政府的形象，败坏了民风。

## 三、传承乡村优秀传统文化

乡村是中华优秀传统文化的根基所在，积淀着人类发展演变的历史与文明。要留住乡音、乡风、乡思，继承传统文化精华，挖掘历史智慧，为乡村振兴提供丰厚的传统文化滋养。

（一）弘扬优秀家训文化

传统的家训家风及其蕴含的传统美德，在当今时代依然有其独特价值和现实意义。家风正则民风淳，民风淳则社稷安。要合理吸收中华传统家训家规的精华，并推动其创造性转化、创新性发展，为形成新时代乡村良好家教和家风提供丰厚滋养。通过倡议书等形式广泛宣传发动，以乡村党员干部、模范人物、教育文化工作者家庭为示范，青少年学生家庭为重点，通过在家谱村史、牌匾楹联、经典家训中寻找、长辈口述、家人共议等形式，挖掘、整理、编写弘扬传统美德的格言、家规、家训。广泛开展家训“挂厅堂、进礼堂”活动，组织文化志愿者进村入户写家训、拍全家福，制作匾额、条幅等。将好家训在文化礼堂、文体中心、宣传橱窗等集中展陈，纳入家谱村史编写、村规民约修订之中。组织开展“我有传家宝”“家书抵万金”等活动，倡导家家户户以卡片、锦囊等各种形式制作写有家训、便于携带保存的“传家宝”，在子女成人成婚、就学就业、参军远行等人生重要时刻郑重馈授，推动好家训、好家风代代相传。通过广泛开展家风建设，引导农民群众继承传统美德，树立家国情怀。

（二）传承非物质文化遗产

广大农村是非物质文化遗产的富矿，表演艺术、手工技艺、民俗节日等大多诞生于农村，流传于乡间。要坚持“保护为主、抢救第一、合理利用、传承发展”的工作方针，推进“美丽‘非遗’乡村行动。”计划，做好“非遗”保护传承，发挥其塑魂、兴业、育人、添乐、扬名等功能，助推乡村振兴战略。

弘扬传统民俗，丰富传统节日文化。深入开展“我们的节日”“我们的传统”等主题活动，实施中国传统节日振兴工程，组织开展具有民族传统和地域特色的民俗文化活动，丰富春节、元宵、清明、端午、七夕、中秋、重阳等传统节日的内涵，形成新的节日习俗。培育积极健康向上的节庆文化，延续乡村文化脉络，增强农民群众的文化认同、乡土情怀和文化自信。

实施保护振兴计划，加强传统艺术保护。通过抢救性记录、扶持性培育、还原性展示和共生性发展，推进传统戏曲、音乐、舞蹈等项目的保护传承工作，推动传统艺术传下去、活起来，充分发挥其在提升农民群众文化获得感、幸福感方面的作用。结合当地实际，重点培育一批传统表演艺术精品项目，努力形成“一地一品”或“一地多品”的格局。

振兴传统工艺，带动乡村文化产业发展。坚持传统工艺创造性转化、创新性发展的方向，传承与发展传统文化，涵养文化生态。通过传统工艺的振兴，更好地发掘手工劳动的创造性价值，发展壮大乡村文化产业，促进农民就业致富。

立足保护利用，推进乡村“非遗”整体性保护。加强组织领导和资源要素统筹，推进民俗文化村、“非遗”主题小镇建设，开展“非遗”整体性保护和生产性保护，使其成为“非遗”项目传承的基地、教学的课堂、展示的窗口和体验的场所，更好地发挥示范作用和外化功能。加快文化旅游融合发展，将“非遗”保护与美丽乡村建设结合起来，使“非遗”工作与群众生产生活结合起来，有效助推乡村振兴。

（三）推广方志文化

方志文化是中华优秀传统文化和中国特色社会主义文化的重要组成部分，承担着存史、资政、育人的重要功能。传承、弘扬方志文化，对于总结农村改革发展建设经验，促进农村经济社会发展，推动乡村振兴战略的实施，具有十分重要的意义。要加强乡村方志资料收集整理，建立和完善地方志资料收（征）集、保存、管理制度，健全志书、年鉴、大事记、地情刊物等地情资料保存工 NT 作机制。综合运用社会调查、口述历史、家谱族谱和音像影像资料收（征）集等方法，大力拓展资料征集范围和渠道，做好乡村人文历史的普查，为保护历史文化、实施乡村振兴战略提供基础性资料。重点针对历史文化名镇（村）、经济强镇（村）、新农村建设示范镇（村）和特色示范镇（村），组织做好方志的编写工作。通过典型示范，带动更多的地方编修乡镇（村）志，更好地保护抢救、传承保存、开发利用宝贵的乡村文化。鼓励有条件的地方，通过建立乡村记忆基地、方志展馆等场所，开展地情文化宣传普及、方志工作成果宣传教育，增强农民群众的归属感。做好“互联网+”文章，推动地方志数字化工作，鼓励各地加强地方志门户网站、微信公众号等网络平台建设，交流发布方志动态、地情库、大事记、历史人物、风景名胜、土特名产等内容，为社会大众提供信息查询、工作交流等服务。

## 四、崇尚家庭美德

家庭是以婚姻和血缘关系或收养关系为基础的社会生活组织，是人类社会、国家，乃至每个村庄的最基本的组织单位和经济单位。而家庭美德是每个公民在家庭生活中应该遵循的行为准则，它涵盖了夫妻、长幼、邻里之间的关系。正确对待和处理家庭问题，共同培养和发展夫妻爱情、长幼亲情、邻里友情，不仅关系到每个家庭的美满幸福，也有利于社会和村庄的安定和谐。所以，我们要大力倡导以尊老爱幼、男女平等、夫妻和睦、勤俭持家、邻里团结为主要内容的家庭美德，鼓励人们在家庭里做一个好成员。

### （一）父母抚养教育子女的美德

孩子是夫妻平等相爱的结晶。孩子的诞生，使夫妻关系派生出了亲子关系。亲子美德的重要表现，便是父母对子女的抚养和教育。父母抚养、教育子女，是我国的一项传统美德，主要表现为父母双方对孩子的共同抚养、教育。从“抚养”层面上讲，就是为孩子提供良好的物质条件促进其生理的生长发育；在“教育”层面上讲，就是父母以崇高的责任心和义务感来铸造孩子健全的人格和高洁的心灵，传续一代代父母对子女的殷切厚望，推动孩子社会化的进程，并为孩子接受学校和社会教育提供必要的物质条件，使其成为适应社会需要、有所作为的人。

### （二）夫妻平等相爱的美德

夫妻是由于婚姻关系而结合在一起的一对异性，夫妻关系是派生其他一切家庭关系的起点。在现代社会，夫妻关系已日益成为家庭关系中的主轴，夫妻之间的婚姻质量也日益上升为家庭生活质量的决定性因素。因而，夫妻平等相爱的美德建设，是经营好一个家庭的基础。这种美德，主要体现在尊重对方的人格和情感，尊重对方的个性与发展意愿。这种尊重在日常生活中具体表现为夫妻间的相互帮助、相互信任、相互理解。夫妻平等相爱的美德，还表现在夫妻间的相互给予和奉献。道德的婚姻不是相互占有，而是平等的结合；恩爱的夫妻不是相互索取，而是无私地给予和奉献。

（三）家庭与社会各方面和谐关系的美德

家庭与社会之间的密切关系，历来有许多形象的比喻，如“家庭为社会的细胞”“家庭为社会之网的网上之结”等。这些比喻，既揭示了家庭的存在和发展对社会整体的重要意义，也暗示了家庭处于社会大系统中所应具有的开放特征。在现实社会中，任何一个家庭的存在与发展，都不是孤立的，家庭生活的每一刻，都在同社会中的其他组织、单位或个人发生着联系。所以，一个家庭的存续需要与社会中的其他组织和个人建立起一种和谐的关系，彼此之间能够团结互助、平等友爱，共同前进，而且家庭更要服务和奉献于整个社会。

（四）子女养老尊老的美德

子女养老尊老的美德，实际上就是我们常说的“孝道”，这是我国一项优良的传统美德。同父母抚养教育子女一样，这种“孝道”也表现在2个方面：一是“养老”，即为老人提供相应的物质生活条件，照料老人的日常生活起居：二是尊老，即子女要真心实意地尊敬双亲，从心理和精神上给予老人满足和关心，让他们真正成为物质和精神上富有的人。

（五）勤劳致富、节俭持家的美德

在家庭领域，勤劳致富和节俭持家都是我们民族大力提倡的传统美德。之所以强调勤劳致富是因为：第一，勤劳致富本身包含着家庭对社会奉献的成分。“家兴而国家昌明，家富而国家强盛。”家庭富足，不仅是国家繁荣昌盛的具体表现，也是国家繁荣昌盛的基石。所以，勤劳致富，不仅是利家之举，更是兴国之行。第二，勤劳致富是家庭美满幸福的必要条件。拥有富足的生活条件，才能享受更宽广的生活空间，这是我们追求的目标之一。

## 五、遵守社会公德

社会公德是社会生活中最简单、最起码、最普通的行为准则，是维持社会公共生活正常、有序、健康进行的最基本条件。因此，社会公德是全体公民在社会交往和公共生活中应该遵循的行为准则，也是作为公民应有的品德操守。从大的范畴来讲，它主要包括两个方面的内容：一方面是在事关重大的社会关系、社会活动中，应当遵守的由国家提倡的道德规范；另一方面是在人们日常的公共活动中，应当遵守、维护的公共利益、公共秩序、公共安全、公共卫生等守则。《公民道德建设实施纲要》用“文明礼貌、助人为乐、爱护公物、保护环境、遵纪守法”20个字，对社会公德的主要内容和要求做了明确规定。

### （一）助人为乐

助人为乐是当一个人身处困境时，大家乐于相助，给予热情和真诚的帮助与关怀。人类社会应当是一个人与人之间相互扶持的社会，因为，任何一个社会成员都不能孤立地生存。一个人要做到“万事不求人”“处处皆英雄”是不可能的。生活在社会中，“如果你向别人伸出一千次手，就会有一千只手来帮助你”，“助人”本身也是“助己”。

### （二）遵纪守法

遵纪守法就是要增强法制意识，维护宪法和法律权威，学法、知法、用法，执行法规、法令和各项行政规章；就是要遵守公民守则、乡规民约和有关制度；就是要见义勇为，敢于同违法犯罪行为做斗争。

（三）文明礼貌

文明礼貌是人与人之间团结友爱和情感沟通的桥梁，表现为人们之间交往的一种和悦的语气、亲切的称呼、诚挚的态度，更表现为谈吐文明、举止端庄等。这些虽为日常小事，但对建设和谐友爱的新农村起着重要作用。正所谓“良言一句三冬暖，恶语伤人六月寒”。当然，文明礼貌也是一个历史的范畴，随着时代和条件的变化而不断更新。

（四）保护环境

农村区域占我国国土面积的绝大部分，农村环境的维护和保持是我国环境保护的重要内容。总体上而言，农村环境保护可以分成生活环境和农业生产环境 2 个部分。生活环境的保护涉及人居和家居环境的改善以及生活区环境卫生的维护，主要靠人们良好的生活习惯和生活垃圾的妥善处理来维持。农业生产环境主要涉及农业耕地质量和农用水源质量的保护，而耕地和水源质量的好坏和农业生产作业过程有着密切的联系，特别是农药、化肥、除草剂等的过量施用需要引起农户特别的关注。在经济发展过程中不仅要“金山银山”，还要“绿水青山”，树立“保护环境，人人有责”的观念，努力养成有利于环境保护的生活习惯、行为方式，提高科学的农事作业的技能。

（五）爱护公物

公共财物包括一切公共场所的设施，它们是提高人民生活水平，使大家享有各种服务和便利的物质保证。爱护公物主要表现为：一是要做到公私分明，不占用公家财物，不化为私有；二要爱护公共设施，使其能够为更多的人服务；三要敢于同侵占、损害、破坏公共财物的行为做斗争。

在我国，爱祖国、爱人民、爱劳动、爱科学、爱社会主义，是基本的社会公德。我国宪法还明确规定，遵守社会公德是一切公民的义务，违反社会公德，轻的要进行批评教育，严重的如破坏公共秩序、扰乱社会治安的要绳之以法。

## 六、和睦邻里关系

“远亲不如近邻”，好的邻里关系对人的成长和社会稳定起着重要作用。邻里关系一直以来都是人际交往中非常重要的部分，要处理好邻里关系。

### (一) 农村邻里间常见矛盾

1. 占用宅基地

宅基地对于农民来说，是非常重要的固定资产。在邻里之间，为了争夺几厘米、十多厘米的宅基地引发的矛盾，是十分常见的事情。

2. 相互攀比闹翻

农村之间的攀比风气非常严重。常常因为别人家买了一辆汽车，盖得房子面积大等小事，产生妒忌心理。与邻居交流时，就想尽办法诋毁人家。

3. 背后说邻居家闲话

农村闲暇的时候喜欢在街上聊天，这就是传播谣言，中伤别人最好的机会了，农村邻里之间最容易爆发矛盾的原因就是这个了。每个村庄都有 1 个或 2 个人喜欢谈论别人背后，当这种闲话传到被议论者耳中，常引起矛盾。

### (二) 邻里关系的和睦相处

1. 学会礼让与宽容

对邻居要以礼相待，平易近人，不要视若路人。见面后要主动和别人打招呼，平时对邻居不要苛求，谈得来的就多交往；谈不来的维持一种有距离的友好态度。对于邻居不合理的要求和做法，采取“有理、有节”的态度，合理地、妥善地解决处理。

2. 主动帮忙

农村不像城市那样物质，平常谁家有个事儿，邻居们都会来免费帮忙。这是农村人最淳朴的一面。所以，如果知道邻居家有啥活儿了或者他们家里劳动力不够了，就主动过去帮个忙。这样不仅可以促进邻居之间的好感，还能让邻居对你心存感激。

3. 经常检点自己的习惯

自觉爱护公共卫生，为维护一个好的生活环境尽一份力。邻里之间还要讲信用，做不到的事情千万不要对别人夸海口，以免误了别人的大事。借邻居的东西一定要及时归还，如果因一时疏忽而延误了归还时间，应当面表示歉意。

4. 流言蜚语不可信

邻居之间，多的是鸡毛蒜皮，你的邻居他的邻居你们彼此的邻居之间，就会有更多的鸡毛蒜皮小计较，这就会出现这么一个情况：你和他家相处很好彼此觉得彼此人很好，而另一家可能会觉得你的邻居不好，或者别人家会觉得你很不好，那么一定会有人告诉你你的邻居有多差劲之类的话。遇到这种情况，记住不要多说一句话，别人的观点是别人的，只要你认为做得没错就行了。

# 参考文献

陈中建，倪德华，金小燕 . 2016. 新型职业农民素质能力与责任担当［M］. 北京：中国农业科学技术出版社.
刘善江 . 2005. 农村生活安全常识［M］. 北京：同心出版社.
吕文林，孙午生 . 2012. 新型农民素质与礼仪［M］. 北京：中国农业出版社.
马书烈，廖德平 . 2015. 新型农业经营主体素质提升读本［M］. 北京：中国农业科学技术出版社.
沈建国，杨东平 . 2016. 新型职业农民［M］. 北京：金盾出版社.
于慎兴，李应虎 . 2015. 新型职业农民素质教育与礼仪［M］. 北京：中国农业科学技术出版社.
袁海平，张吉先，顾益康 . 2011. 新型农民文明素养［M］. 北京：中国林业出版社.
张红宇 . 2018. 乡村振兴战略简明读本［M］. 北京：中国农业出版社.
周晖，等 . 2015. 现代农业政策法规［M］. 北京：中国农业科学技术出版社.